# 物理學家帶你看懂科幻電影世界觀

物理学者、SF映画にハマる

回到未來、星際大戰、天能……
探索時間與宇宙的奧祕！

高水裕一 著
王美娟 譯

推薦序

# 願「想像力」永遠與你同在

——「影劇好有梗」粉專編輯群

你可能想像過這樣的畫面：在《星際大戰》驚心動魄的絕地反擊戰中，駕駛著「Ｘ翼戰鬥機」和路克天行者一同對抗黑武士的帝國軍；在《阿凡達》的潘朵拉星球，和納美人一起交流地球與外星的文明；又或者搭乘《回到未來》布朗博士的跑車，回到過去阻止天殺的疫情，還是看看未來哪一年會終結單身？

電影總是能創造一個令人能夠陶醉於其中的虛實世界，創作者動用那充滿創意腦袋的所建構出的故事與影像，讓人一次又一次地感到癡迷，投入幻想之中，而科幻電影，尤屬能大幅凸顯創意之可貴的一種創作類型。

從《回到未來》到「漫威電影宇宙」、從《２００１：太空漫遊》到《異星入境》，每個世代都有屬於它們獨特新穎的奇想，我們也都曾用感性的一面體會故事中的核心情感，但這些故事背後所潛藏的科學理論，卻較少被以理性的角度去思考、探討其中難能可貴的知識。

回想十年前國中時期的自己，因為看了《復仇者聯盟》一腳栽進漫威的瘋狂世界，更是進一步地領略了自《星際大戰》時代便開山的太空宇宙觀。但不論是當年地科、理化考試都掛蛋的我，還是任何一個信仰原力的「絕地教徒」，相信鮮少有人認真思考過，眼下這些「看似合理」的科學設定，是否有足夠的科學文獻背書，還是只是為了營造戲劇張力，拋開邏輯將異想天開的能力發揮到了極致？

科幻電影不僅能夠滿足自身對於速度與激昂的渴求，更是能夠勾起那顆探索無限可能的好奇心。而現在，有一位重度科學愛好者，相信「科幻」可以啟發現實科學。翻開這本由學者高水裕一撰寫的科幻作品考察，不下兩段便會讓你想衝進某個不存在的「蟲洞」，讓國中時的自己用功一點！就好比在求學時，你會對一些引用了流行元素的題目感到有趣一樣，這本書反過來讓你浸淫其中，去品味、理解科幻題材的可能性。

比如說，你可曾想過「穿越時空」在現實該如何達成？「打破時間的線性規則」一直是古今中外科幻迷夢寐以求的目標。在每個人的心中都有渴望彌補的遺憾、想重溫的吉光片羽、或是阻止年少時所鑄下的過錯，想藉此填補生命中的缺憾，也因此對於「穿越時空」的欲望越是強烈！而這種「夢想」最神祕的魅力偏偏在於，它並不是什麼新穎的發想或概念，早在西元前的各種宗教文獻就有記載。然而詭異的是，這樣的想望至今依然是個不可能的天方夜譚。在這個看似無所不能的21世紀，我們的科學是否有辦法達成一定程度的「穿越時空」呢？

猶記得當初看完《TENET天能》當下的暈眩感，以及二刷、三刷後依然無法透析的諾蘭科學。就算看了很多文章分析電影的時空邏輯，以及「熵」這個元素的意義，但時至今日，我還是沒能完全理解。不過翻開《物理學家帶你看懂科幻電影世界觀》後，作者用清晰且淺顯易懂的文字，將「熵」的本質與其對於片中時空定律的應用，形容得十分生動。此外，這本書也收錄了其他經典科幻作品分析，同時結合作者的專業與獨到見解，使人有豁然開朗的詮釋。

藉由這本書，我們能夠更進一步去理解，這些存在於創作者想像之中的理論真相，換個角度思考創作背後的初心。

身為人，不就是要一直堅持著自己相信的事，直到成真嗎？

# 前言

本書是一種嘗試，試著從科學角度考察科幻作品——特別是以時間或宇宙為主題的電影與電視影集。科幻（science fiction）是科學幻想的簡稱，因此說它是「虛構的」倒也沒什麼好爭辯的。如果拜託專業的大學教師寫這種主題的書，大概十個人當中有九個人會回絕吧。畢竟很多東西就算認真討論也沒有意義，況且大部分的人都會覺得，從科學角度考察科幻作品這件事本身是很荒謬的。既然接下這個無理難題，我打算先在這裡談談本書要朝向的目標。

就算直截了當地斷言「不可能從科學角度解釋」，也只是給出一個毫無建設性的結論罷了，所以我認為若要從科學角度認真討論，就得採取稍微不一樣的立場。於是，我決定嘗試以個人立場，針對作品的主題分享科學見解，以及若用科學家觀點正向解釋作品會得出什麼結論。談論的內容也有不少偏離作品的部分。當然，我既非電影製作專業人士，也不是電影評論家，純粹只是從科學角度來看科幻作品，想一想當中有什麼與科學相關且能夠談論的東西。

電影這類影視化作品的魅力，以及對一般民眾的影響相當大。就某種意義上來說，科幻作品是以科學主題為靈感打造虛構的世界，因此若要談論該主題的科學，這可說是絕佳的教材。各位應該也能夠透過作品，認識前所未知的科學世界才對。我便是懷著想為大家提供一點助力的念頭執筆。不過，如同先前一再強調的，科幻作品的世界與科學世界當然不可能完全對照，因此關於這個部分希望各位能睜一隻眼閉一隻眼。另外，正文偶爾還摻雜了純粹以電影愛好者立場發表的評論，請各位在閱讀時將其當成個人感想。

雖然我本身專攻的是宇宙學，但對於科學這一門學問仍有不少一知半解之處，而且若要從科學角度詳細說明的話篇幅也不夠用。因此，希望各位將這本書，當作從科學角度思考科幻作品主題的第一步。之後若有興趣與耐心，不妨再拿起更詳盡的科普書籍進一步學習。請將本書當成一本接受作品的世界與設定，並在此前提下稍微從科學角度進行考察的書籍。

雖然開場白寫得有點消極，我想在前言的最後，談談電影具備的想像性有何迷人之處。

電影《星際大戰（*Star Wars*）》中，存在著擁有兩個太陽的行星「塔圖因（Tatooine）」。當今的天文學已知，宇宙裡確實存在這種擁有數個太陽的天體，不過拍攝電影那時當然還不曉得這件事。由此可見，人類的想像力實在豐富，有時還能在現實的科學世界裡發現電影描繪的世界。別因為是電影、是虛構作品就將兩者分開來看待，想像力有時不容小覷。電影的世界激發出某個意想不到的科學發想，引領未來的科學——這種猶如做夢一般的情況未必不會發生。

那麼接下來，就請各位跟著我一同閱讀本書，以科學觀點審視想像力的世界。

物理學家帶你看懂科幻電影世界觀

目次

推薦序　願「想像力」永遠與你同在……1
前言……4

# 第1部　關於「時間」……13

## 第1章　時間旅行的可能性與極限……15

《回到未來》系列

在電影中看到的未來／時間旅行也有種類之分／理論上可行的時間旅行／如何通過蟲洞？／熵增加原理／未來人的存在所代表的意義／時間旅行所需的能量／只帶著一具肉體穿越，還是連同載具一起穿越？／能夠隨心所欲前往過去的可能性／有辦法改變過去嗎？／弒親悖論／如何感知到過去的改變？／時間旅行觀察者的後續情況／如果不斷回到同一個過去，自己會增加嗎？／實現飛天車所要做的準備

## 第2章　回到過去的探員擁有自由意志嗎？……45

《時空線索》

最有真實感的時間旅行／觀察過去的技術／不完美的「結局」／時間旅行對人體完全沒有影響嗎？／未來產生變化的時機／時間旅人的自由意志／道格採取的命定行動／巧妙地呼應片名／道格是第幾次回到過去的時間旅人呢？

第3章 名為「逆轉」的新型時間旅行……61
《TENET天能》
逆轉時間／搭檔名字的由來／一般的時間旅行／逆轉時間是怎麼回事？／有辦法感知到世界是倒著走的嗎？／實在令人好奇的設定

第4章 殺人機器是從五維世界穿越而來的嗎？……71
《魔鬼終結者》系列
機器與人類，何者比較容易傳送？／得知轉移到哪個年代的實際方法／時間旅行的密技

第5章 如何感受到時間無限停止的世界？……79
《超異能英雄》
一切都「停止」的世界之可能性／雖然能實現類似時間停止的狀態……／物理學家在意的地方／霍金博士的時間旅人實驗

## 第2部 關於「宇宙」……87

第6章 被拋到太空時最後的移動手段……89

《地心引力》

如何在太空中生活？／國際太空站處於無重力狀態嗎？／地表的0．000000001％／想得救，就把身上的東西丟掉／如果在太空中玩指尖陀螺……

第7章 用「任天堂紅白機」達成的登月任務……99

《登月先鋒》

成為太空人／用任天堂紅白機前往太空?!／分離燃料箱的原因／太空會合的優點／最大的難關——對接／從雙子星到阿波羅／從月球看到的夜空與太陽

第8章 在火星上栽培植物的另一個理由……110

《絕地救援》

其他行星的曆法／只靠靜態影像實現順暢的對話／在火星上確實地保有氧氣／要選擇移動，還是暖氣？／如何製造人工重力？／為拯救被獨留下來的男人所擬定的計畫／火星的夕陽／以太陽系其他行星為舞臺的作品

第9章 也寫成了論文的黑洞真實模樣……122
《星際效應》
星系與星系之間的距離／有辦法通過蟲洞嗎？／為何會產生將近七年的時間差？／與地球的通訊／那個男人再度被遺留下來／前往黑洞內部的太空旅行／從《星際效應》看高維世界

第10章 星際飛行需要的應用程式……136
《星際大戰》系列
掀起星際大戰的家族／所謂的統治銀河系／試著從科學角度探討星際飛行／人工冬眠技術的必要性／量子遙傳／星際飛行不可缺少的應用程式

第11章 要與外星人交流別忘了戴上呼吸面罩……148
《異星入境》
呼吸面罩是必不可缺的／如何以肉身與外星人交流？／心靈感應需要的東西／非線性語言？／合理的外星人來訪目的

第12章 「外星人的視力」與「恆星」的密切關係……157

《V星入侵》

巧妙的侵略計畫／想像中的外觀／外星人眼中的世界／先進的科技與侵略地球計畫的結果／生命的可能性／神祕學與大槻老師

結語……172

．由於正文不可避免提及劇情，建議先觀看各部作品再閱讀本書。

．本書提及的電影或影集作品的DVD／BD售價僅供參考。

．商品圖像由標示之版權方授權使用，嚴禁翻印轉載，侵權必究。

第 1 部

# 關於「時間」

第1部要介紹以穿越時間為題材的五部科幻作品，並且探討其背後的物理。科幻作品裡的時間旅行（time travel），當然是偏虛構的東西，不過若以現實角度重新去思考，應該會冒出各種疑問才對。例如：時光機是依照什麼樣的機制去運作的？從現實角度來看，科幻作品常見的「轉移到過去的同個地點」是什麼樣的情況？另外，歷史有辦法透過時間旅行改變嗎？想必這些都是各位常有的幾個主要疑問吧。

我們就嘗試從宇宙學、相對論以及量子力學的觀點探討這些疑問吧！雖然這些疑問並非全都有確切的答案，但也有一部分超出了虛構的範圍蘊含著實現的可能性。根據當今的物理知識，以現實一點的角度去探究想像世界，應該能產生欣賞科幻作品的新觀點。

第1章

# 時間旅行的可能性與極限

《回到未來》系列

## 在電影中看到的未來

說起具代表性的時間旅行科幻作品，當然非《回到未來（*Back to the Future*）》莫屬吧。此名作的第一集是在1985年上映，當時掀起的熱潮甚至演變成社會現象，最後故事在第三集劃下句點。導演是勞勃．辛密克斯（Robert Zemeckis）。雖然是年代有點久遠的老電影，不過現在再看魅力依舊不減。整個系列當中，我特別喜歡前往未來的第二集。

主角馬帝（Marty）經歷的時間旅行，大致分成前往過去與前往未來兩種類型。

馬帝在第一集來到1950年代的世界，不小心闖進父母的青春時代，第三集則是前往更久遠的西部拓荒時代。至於第二集，則是前往馬帝的孩子惹上麻煩的未來。

我覺得第二集最有趣的其中一個原因，是個人很喜歡電影對未來的細節描寫。例如飛天車、奇裝異服的未來人、立體的AR（擴增實境）電影廣告等，要描寫這些與故事無直接關聯的畫面細節並不容易。

舉例來說，電影裡有個場景是，主角要在未來世界喬裝成自己的兒子，於是穿上一件特殊的外套。這外套乍看是件尺寸很大的寬鬆衣服，但一穿上去就會自動調整尺寸，實在是很方便的未來服裝呢。未來的鞋子似乎也一樣，不僅會發出語音，還會自動調整成合腳的尺寸。這部電影將我們對未來世界的想望呈現在影像世界裡，這些細節描寫更是讓人對夢想中的未來期待不已。

還有，就在主角換上跟未來人完全一樣的服裝，正準備到未來的街上找人時，他的搭檔博士阻止他說：「未來流行將褲子口袋翻出來。」未來居然流行這種奇怪的習慣，實在是非常有意思的設定呢。時尚流行這種東西，只要換個時代看起來就會很奇怪，電影或許就是以有趣的形式將這點呈現出來。

另外，這三部電影作品都有個趣味之處，就是即便換了一個時代，同一批角色仍會上演同樣的戲碼。

例如小混混畢夫（Biff）與他的跟班登場，找主角碴並嘲笑他是「膽小鬼」，最後演變成你追我跑的混戰，就是其中一個經典橋段。無論是在過去，還是在未來的咖啡廳，或是在西部時代的酒吧，都會看到一模一樣的場景，反而讓觀眾覺得「這些人無論在哪個時代都是一個樣呢」，間接讓人感受到時代的變化。再者，電影原本就是呈現一個全然未知的未來世界，沒有比這更能讓人放心觀看的橋段了。

正因為如此，服裝與街景等背景，反而能讓人強烈意識到時代有何變化與差異。電影的宣傳小冊，第一集到第三集的封面人物從一個人增加到三個人，無論哪一集的封面人物姿勢都一樣，不過服裝會隨該集的時代而變。換言之電影也透過這三集的宣傳小冊，巧妙展現時代的對比。順帶一提，第二集前往的未來設定為2015年，從我們的角度來看已經是過去了呢。

## 時間旅行也有種類之分

出現在《回到未來》裡的時光機，是一輛「迪羅倫（DeLorean）」跑車。只要坐上這輛車，設定好要前往的時刻，就能轉移到該時刻的同個地點。

電影第一集到第三集描寫的時間旅行方式各不相同。在第一集裡，迪羅倫跑車要加速行駛到一定的速度，才能夠穿越時間。在第二集裡，迪羅倫變成一輛未來跑車，飛到空中加速行駛。最後的第三集，因為來到西部時代，為了讓迪羅倫跑車加速，主角與博士採取以蒸汽火車推著車子跑的方式來增加速度。

看來無論哪一集的時間旅行，重點都是要達到目標速度，只要達到那個速度，就能乘著迪羅倫跑車於一瞬間移動到設定的其他時刻的同個地點。第三集達到目標速度的地點，在西部時代是鐵路尚未建設好的懸崖。然而在前往的未來（從主角的角度來看是現在），懸崖已經搭好一座橋，有通往另一邊的鐵路，迪羅倫跑車才不致於墜落。

這裡就以迪羅倫跑車的時間旅行為主題，探討一下相關的科學問題吧！

一般聽到時間旅行時，最先想到的應該是如《回到未來》描繪的那種，一瞬間穿越時間的移動方式吧。這種時間旅行又稱為時間轉移（time warp）。在將時間回溯到過去的科幻作品中，這種時間旅行很普遍吧？

反觀2020年上映的電影《TENET天能》，其回到過去的時間旅行可說是截然不同的類型。因為這部作品不使用所謂的轉移手法。如果用箭頭來代表單向流動的時間，《TENET天能》所描繪的時間旅行，便是讓時間流向顛倒過來的箭頭出現。在這部電影裡，人們能藉由進入時間逆行的世界回到過去。詳情稍後再談，這裡要說的是，《TENET天能》的時間旅行絕對不是直接轉移到另一個時刻。在《TENET天能》裡，如果想回到一週前的某個時刻，就必須在逆行的時間內度過一週。因此，實際上是無法像《回到未來》那樣回到數十年前，兩者在這點上有很大的差異。

除了上述兩種類型外，電影《時光機器（*The Time Machine*）》描寫的時間旅行，則介於這兩者之間。這部作品跟《回到未來》一樣都要搭乘機器，但這臺機器像一張固定在原地的椅子，完全不會移動。如果是回到過去，除了坐在機器裡的自己以外，周圍的世界都會隨著時間倒流而變化，看上去簡直就像是DVD倒帶。《TENET天能》的主角進入時間逆行的世界後，自己以外的周遭景物看起來同樣像是在倒帶，不過《時光機器》這部電影除了倒帶之外還加上了「快轉」。這種呈現方式是在說明，若要回到更久遠的過去，即使快轉也要花上一定程度的時間，才能夠倒帶回溯到目標時刻。因此，這可說是介於這兩部時間旅行作品之間的描寫手法。

關於時間旅行，以下三點是很令我好奇的問題：

・動力來源或運作機制是什麼？
・為什麼可以指定時刻，移動到同個地點？
・能夠改變過去嗎？

以物理觀點來說，基本上因果律這項法則是不允許進行回到過去的時間旅行。我的另一本日文著作《時間能倒流嗎？》（書名暫譯，講談社），便是針對時間是否會倒流這個問題從物理角度進行詳細解說，有興趣的讀者請參考這本書。

這裡就只概略說明相關的理論。

## 理論上可行的時間旅行

首先在現代物理學上，量子力學與相對論是主要且重要的兩大理論。前者基本上是描述原子與更小的粒子行為的物理學，後者是接近光速的世界與重力強大的世界裡的法則。一般認為，這兩種物理理論最終將合而為一，不過現在兩者仍是互不相容的狀態。

目前普遍認為，存在於宇宙的各種複雜現象，全都只靠基本力——量子力學的力以及廣義相對論的重力——構成。如果這兩種理論整合統一起來，之前那些尚未釐清的現象，也就能夠說明或預測。例如黑洞的內部，或是大霹靂（Big Bang）宇宙之前處於高能狀態的宇宙。

這套理論稱為終極理論或統一理論。原理上只要這套理論完成了，就表示我們能夠完全理解宇宙的所有現象，所以才稱為終極理論。能否找出這套理論，取決於量子力學與相對論要如何整合統一，這麼說一點也不為過。

再把話題拉回到「時間旅行」上。如果要回到過去，因果律是其中一道很大的障礙。這個問題，與「光的速度是這個世上的最高速度」這點有關。既然有最高速度，就表示將資訊從過去傳送到未來是有界限範圍的。光所傳遞的資訊，只能在如圖表1-1的光錐（光速所劃定的範圍）內傳播。某個現象之所以會發生，原因在於某種力的傳遞，其造成的結果即是現象。而力的傳遞速度同樣不超過光速，故可以說原因與結果的時間序列，也只存在於這個光錐內部。所以，「原因先於結果」的因果關係在這裡是成立的。相對論基本上就是建立在「光速最快」這項原

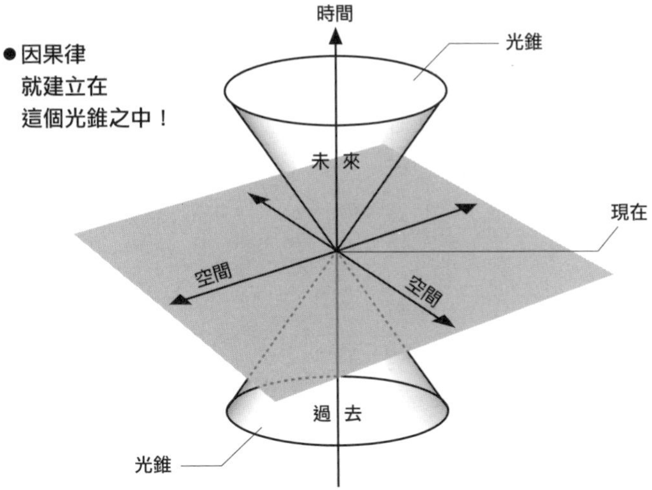


※實際的時空有四個維度。上圖是將四維縮減成三維。

圖表1-1 光錐概念圖

理上。因此，在以相對論為基礎的世界裡，時間遵守因果律，只有「從過去到未來」這一個方向。

不過，也有人提出各式各樣的捷徑，而其中之一，就是運用蟲洞（wormhole）的時光機。時空是將時間與空間視為一體的概念，而數學上確實存在可連結時空上不同地點的蟲洞解。只要運用蟲洞，原理上是可以移動到不同的時刻，以及不同的地點。

這裡要先聲明一點，目前現實中的宇宙觀測，尚未發現有可能是蟲洞的天體。因此，蟲洞是否存在於現實世界，或者能不能創造蟲洞，在當今的物理學上仍是一個很大的謎團。以下只是假設這些問題已經解決，請各位把蟲洞視為想像中的東西。

總而言之，有可能實現的時光機就是這個方法：讓蟲洞的出口以接近光速的速度移動，製造出口與入口之間的時間差（圖表1-2）。雖然現在就有一堆可以吐槽的問題，例如要如何讓蟲洞的出口移動等，不過當中最大的缺點就是，這個想像中的時光機雖然能回到過去，但頂多只能回到這個時光機完成時蟲洞出口的時刻。

相對論認為，若以接近光速的速度移動，時間就會流動得很緩慢。如果讓出口以光速移動，再以光速回到原本的位置，出口與入口的時刻就會產生很大的時間差。假設入口與出口的時間相差十年好了。那麼，如果從入口進去，就一定可以來到出口的時刻，也就是入口時刻的十年前。但是，回溯時間時，最遠的過去就是十年前，到這裡就是極限了。因為這是讓出口以光速移動又回到原處後，時光機完成的時間點。如圖1-2所示，假如入口的時刻是2032年，能夠回到的過去就是出口的時刻2022年。

這種時間旅行不僅有如此多的困難，而且還只能回到十年前，感覺實在很不夢幻。不過，電影《時空線索（*Déjà Vu*）》的設定是每次能回到四天半前的過去，而主角就是靠這個方法預先阻止大型恐怖攻擊。既然回到四天半前就能做出什麼戲劇性的改變，縱使時間只能回到十年前，這或許也能算是一件大事吧。

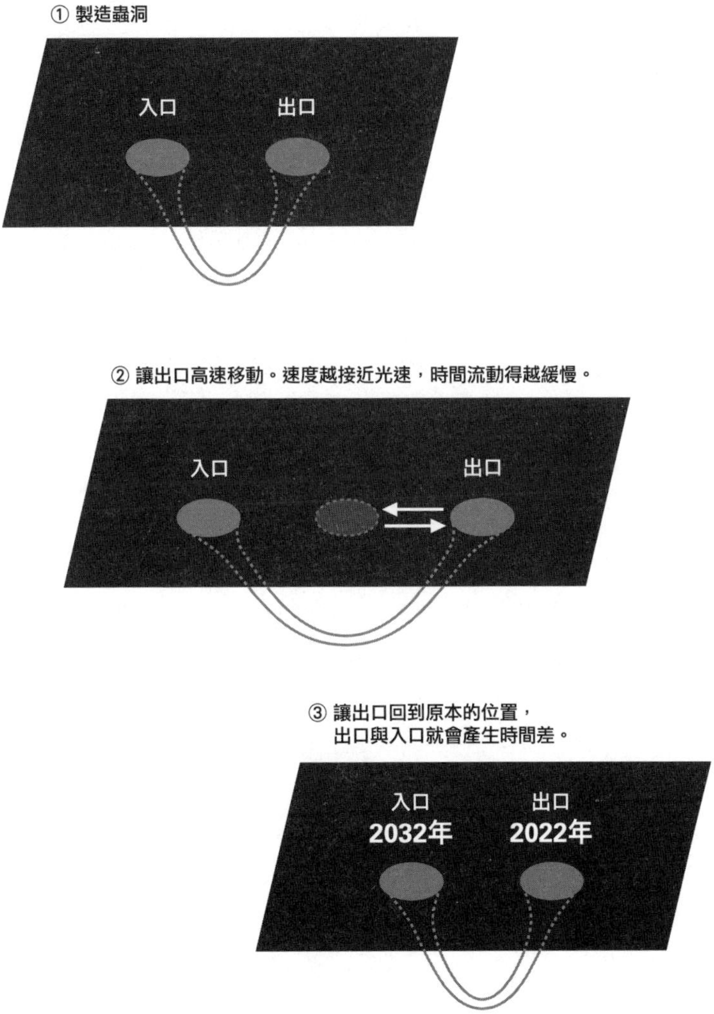
① 製造蟲洞
入口
出口
② 讓出口高速移動。速度越接近光速，時間流動得越緩慢。
入口
出口
③ 讓出口回到原本的位置，
出口與入口就會產生時間差。
入口
2032年
出口
2022年

※出口與入口的時間假設相差10年。這只是概念，時間並非精確的值。

圖表1-2　運用蟲洞的時間旅行

## 如何通過蟲洞？

言歸正傳，我們再試著驗證一下這個蟲洞時光機吧。當時光機完成時，假如蟲洞的入口時刻是2032年，能夠回到的出口時刻就是2022年。那麼，時光機完成一年後，能夠回到的過去有什麼變化呢？到了翌年，這個時光機只能回到2023年，無法回到2022年。

如同這個例子，運用蟲洞的時光機，能夠回到的最遠的過去並不固定，時間會逐漸流向未來。因此，科幻作品裡普遍常見的時間旅行是很難實現的，相信各位應該都明白這點了。

除此之外，還有一個更大的問題。研究發現，普通的物質是無法通過蟲洞的，能夠通過的只有能量為負的奇異物質（exotic matter）。一般而言所有的物質能量都是正的，因此這時需要根據理論假想出來的奇異物質。這意謂著，單是要通過蟲洞，就有這麼多該解決的困難。肉體就不用說了，連光的能量也是正的，所以蟲洞本來就是一條連要通過都沒辦法的通道。

假使製造出能夠通過蟲洞的特殊粒子，這種粒子最終也只能當作通訊手段使用。換句話說，我們終究沒辦法像電影那樣，讓自己連同肉體一起回到過去的時刻，頂多只能觀察過去的資訊。看到這裡，我覺得假如有範圍涵蓋全世界、能夠錄下影像的衛星系統，兩者在實質上並無不同，因為同樣都是觀看錄影影像。這是稍後介紹的電影《時空線索》也會提及的主題，因此這裡就先點到為止吧。

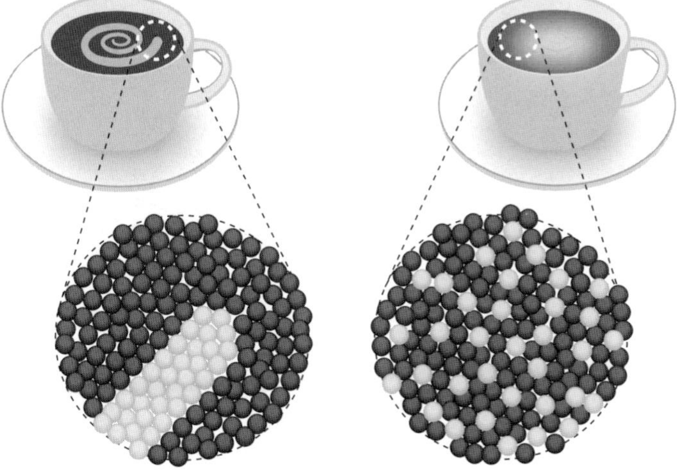


圖表1-3　代表混亂程度的熵

## 熵增加原理

物理世界中最可能實現的時間倒流現象，與量子力學有關。簡單來說，逆轉時間的可能性，就藏在基本粒子的奇異行為裡。

從物理角度描述時間的單一流向時，常會使用「熵（entropy）」這個術語。由於電影《TENET天能》也出現過，聽過的人應該不少吧。

熵是用來表示狀態混亂程度的量（圖表1-3）。舉例來說，整理得井然有序的書架，我們可以說熵很小，反之書本散落一地，則可以說熵很大。目前已知，所有的孤立系統（不與外界交換能量與物質的空間）都存在熵增加原理。

將牛奶倒入裝著咖啡的杯子裡，牛奶會逐漸擴散開來。若以熵的觀點來看這種擴散現象，牛奶逐漸擴散，相當於熵逐漸增加。反之，熵逐漸減少，也就是擴散的牛奶聚集成一點的現象則不會發生。而規定了此單向發展的定律，就稱為熵增加原理（譯註：即熱力學第二定律）。這可說是決定了時間流向的定律。

物理定律的方程式是描述事物在時間中的變化，不過以數學公式來看現象並無過去與未來之分，無論時間往前或往後皆成立。換言之，在數學上並不禁止朝向過去的現象。然而，現實中卻只會出現朝向未來的現象，實在很不可思議。而明確地將此時間走向定為定律的，可以說就只有熵增加原理而已。

最近幾年，量子電腦領域因觀測到熵減少現象而掀起話題。這裡就不深入討論相關內容了，總之量子力學領域埋藏著實際發生時間倒流現象的可能性。

在量子的世界裡，時間概念與位置概念都跟我們的巨觀世界截然不同，呈現一個與直覺相違的世界。舉例來說，電影《TENET天能》就有一句臺詞提到，在時間面上正子與電子的行為是相反的。換言之，電子是朝向未來的粒子，正子則相反，是朝向過去的粒子。

另外在量子的世界裡，時間也並非連續的，而是斷斷續續、不連續的。卡羅．羅維理（Carlo Rovelli）博士的著作《時間的秩序》（*L'ordine del tempo*，繁體中文版由世茂出版社發行），將量子世界的這項特徵表現到極致。羅維理博士是提出迴圈量子重力論（loop quantum gravity）這項先進理論的其中一人，此理論亦是前述結合量子力學與相對論的統一理論候選者之一。這本書描繪的是一個不引入時間概念，談論物理現象的世界，不過內容有些難懂，這裡就省略不談了。

我想說的是，量子力學的世界最有可能實現逆轉時間這件事。也就是說，如果處於量子狀態，說不定就能實現回到過去的時間旅行。

美國影集《未來總動員（*Twelve Monkeys*）》，就是描寫這種時間旅行的科幻作品。這部大作翻拍自１９９５年上映的同名電影，２０１５年開播，２０１８年完結，總共四季。在以時間旅行為題材的長篇故事當中算是非常有趣的作品，相當推薦各位一看。

故事很長，簡單來說，主角他們的最大目的就是利用時間旅行改變過去，以阻止某種病毒在某一年蔓延全世界。在２０３５年的未來，超過九成的人類死於這種病毒，倖存下來的人則生活在黑暗的地底下，而此時已研發出時光機了。看看現今這個新冠病毒肆虐的世界，讓人不禁覺得故事的時代背景很有真實感，一點也不像是虛構的呢。

## 未來人的存在所代表的意義

利用時光機回到過去的目的，每部科幻作品都不一樣。例如：

①想要拯救已毀滅的世界

②想要拯救某個已死亡的人物

③出於個人的好奇心

……等，除此之外還有各種原因。

其中①的拯救世界這個名正言順的理由，可說是最容易理解的目的了。如果說，主角是想拯救因病毒或恐怖攻擊之類的世界級災難而死去的許多人，的確會讓人想要聲援他。不過，這時會遇到一個阻礙，那就是時間旅行作品的最大主題——過去究竟能不能改變？

在物理上，因為有因果律的限制，我們完全不能干預過去。換言之，在物理世界裡有可能實現的時間旅行，頂多是「看見過去」而已。

又或者，也有可能會是這種情況。

假如能夠進行時間旅行，回到過去參與了過去的歷史，那麼這名未來人的干預，早已編入過去成為其中一環了。換句話說，現在已發生的某件事並不會因為過去遭到改變而產生變化，如果現在產生變化，則代表那個改變已成為過去的一環，因為發生了包括那個改變在內的過去才有現在。這樣講很抽象不易理解，接下來就舉個具體的例子吧。我們試想一下，如《回到未來》第三集那樣在鐘塔前面拍攝合照的情況。

假設有張相片是在過去的某個時刻，於設立鐘塔的地點拍攝。翌年自己拿著這張相片，搭乘時光機回到拍照的時刻，想讓自己也拍進那張相片裡。但是這麼做，並不會讓拿在手裡的相片新增自己的身影。相片不會產生任何變化，假如自己完成一連串的時間旅行，帶去的相片應該早已把自己拍進去了才對。也就是說，一開始拿著的相片裡有許多人入鏡，仔細一看應該會發現，其實當中本來就有個疑似自己的人物才對。換言之，雖然在過去的那個時刻，自己尚未決定要在翌年進行時間旅行，但這一連串的行動，已經編入過去反映在相片上了。這個結論可說是基於因果律、最無矛盾之處的情節。

反過來說，如果有個未來人可藉由時間旅行回到現在，他必須已存在於此刻這個現在，否則就會產生矛盾。以下這個想像實驗或許會比較容易理解。

假設幾名優秀的科學家，事先約定未來發明了時光機時要做的事，而協議內容為「第一次回到過去時，要選在距離此刻整整十分鐘後的這個地方」。假如接下來的十分鐘，他們在現場到處檢查，但都沒有發生任何事的話，就能得知這項結論：未來的他們並未成功發明時光機，而且這件事已編入現在。這個例子出自美國熱門的情境喜劇《宅男行不行（*The Big Bang Theory*）》

某一集的橋段。兩名宅男科學家在劇中碰撞出異想天開的笑料，非常推薦各位看看這部喜劇。另外也有人進行神祕學實驗尋找未來人留下的蛛絲馬跡，不過既然目前都找不到有未來人存在的確切證據，這也就意謂著我們可以確定，未來並未成功發明出時光機。

### 時間旅行所需的能量

我們就根據前面的內容，考察一開始提出的三個有關時光機的疑問吧。這三個疑問的內容如下：

・動力來源或運作機制是什麼？
・為什麼可以指定時刻，移動到同個地點？
・能夠改變過去嗎？

首先來看運作機制，也就是如何回到過去。

當然，假如有辦法清楚回答這個問題，那麼我也可以成為《回到未來》裡的那位博士了。

在電影裡，博士是「以鈽（plutonium）作為動力來源，先將迪羅倫跑車加速到時速88英里，再將

1・21 jigowatts的電流輸入到時空轉移裝置」，藉由此方式實現時間旅行。瓦（watt）是能量單位，至於jigowatt當然是虛構的單位。（譯註：據說此單位原本應寫成gigawatt，即百萬瓩，因為導演與編劇在諮詢科學顧問時聽到錯誤的發音，才會誤將gigawatt拼成jigowatt。）另外，時速88英里相當於時速１４１公里，這樣的車速並未快到不切實際。事實上，法拉利的最高時速可達３００公里以上，假如動力來源只有加速的話，時光機應該早就滿街跑吧。總之，關鍵可以說就在於使用鈽產生的核能這點，但因為電影並未進一步說明，詳細的運作機制就不得而知了。

在第二集裡，迪羅倫跑車被改造成了飛天車，不過值得注意的是，動力來源變更成家庭垃圾。如果要以科學觀點進行合理的解釋，迪羅倫跑車應該是將物質分解成原子尺度，藉由這種方式運用核能。以概念來說，其動力裝置就像一個可在常溫下運作的小型核子反應爐吧。假如連冷核融合也有辦法乾淨地進行，這應該稱得上是未來的技術。

當然，如果考慮到技術上是否有辦法實現，確實有一大堆可以吐槽的地方。不過，這裡先別管可行性有多低了，總之第二集可說是藉由某種核能來進行時空轉移吧。但是電影裡也曾以雷電作為替代的動力來源，因此說不定只要取得足夠的能量就行了。順帶一提，到第三集為止，能量的供應與車子的加速都很重要，但到了第三集似乎只關注車速問題，能否利用蒸汽火車加速更成了最後的課題。

## 只帶著一具肉體穿越，還是連同載具一起穿越？

不過，從前面談到的物理來看，對回到過去的技術而言，龐大的能量未必重要，量子力學機制反而才是必不可缺的吧。

關於這點，美國影集《未來總動員》就是將身體分解成量子尺度再進行傳送。該影集曾經出現，利用這個裝置懲罰壞人的場景。懲罰方式不是將壞人送到過去的某個時刻，而是反覆將他送到幾秒後的未來。看樣子他們是以一再進行「分解成量子狀態，再合成恢復為原本的身體」這種方式來拷問壞人。在該影集的設定中，這種操作會給肉體帶來相當大的痛苦，使得壞人忍不住求饒。

有關拷問的詳細情形暫且不談，這裡要說的是從物理角度來看，比起搭車穿越時間，先分解成量子尺度再於時空中傳送的做法還比較有說服力。在《未來總動員》的設定中，如果要利用這個裝置進行傳送，必須先注射特殊藥物，並照射裝置所發出的特殊光線。給人體實施某種調整以及分解成量子尺度的描寫，可說是較為真實又有意思的地方。

雖然乍看之下，搭乘某種機器穿越時空，對電影而言比較容易描寫，但若從「時間旅行的基礎是運用量子力學機制進行穿越」這點來看，連同車子一起穿越時空反而比較困難。這是因為，必須先將車子的金屬等物質全分解成量子，之後再重新組成才行。另外，電影《時空線索》裡也有提到，進行這種轉移時有質量的限制。該片的主角本來還想攜帶手槍之類的武器，但為了盡可能減輕質量，最後只能脫光衣服出發。

## 能夠隨心所欲前往過去的可能性

接著來研究，「如何設定傳送目的地」這個問題吧！

在《回到未來》中，只要設定迪羅倫跑車內電子時鐘的日期，就能準確無誤地抵達那個日期。令我感到疑惑的是，若以「從某個時空點轉移到另一個時空點」這個觀點來看，並非只有時間是特別的，不是嗎？

在廣義相對論中，宇宙本身也被視為由一個時間維度與三個空間維度組合而成的四維時空流形。雖說是由時間與空間組合而成，不過時空流形的時間與空間，並非如馬賽克那樣交織在一起。如果以縱軸代表時間，以橫軸代表空間，就能輕易根據軸的方向來區分時間與空間（圖表1-4）。可是，如果在這當中放入傾斜的光錐，那麼按原本的座標來看，這個光錐的時間方向就混合了時間與空間兩者。在黑洞內部這種現象就很顯著，時間方向有時會跟空間方向完全對調，也就是光錐圖案橫倒過來的狀態。黑洞內部處於一種非常詭異的狀態，有可能發生原以為是在空間上移動，但其實是在時間上往未來移動的情況。因此，若以時空流形此一概念來看，在這裡面移動，會使時間與空間的區別變得模糊不清。

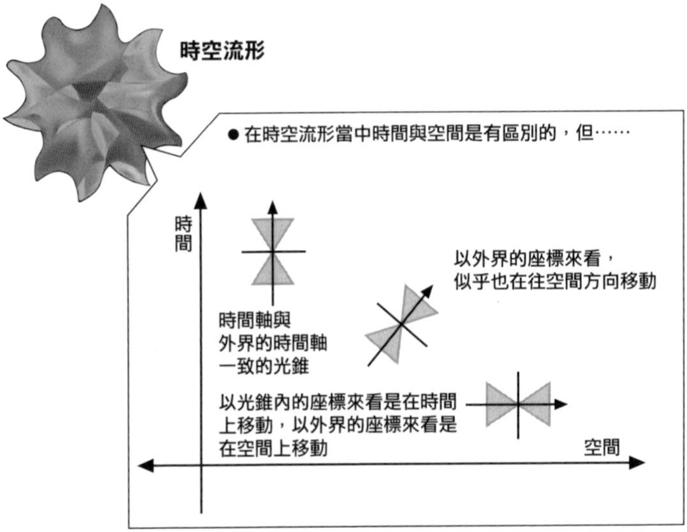
時空流形
在時空流形當中時間與空間是有區別的，但……
時間
時間軸與
外界的時間軸
一致的光錐
以外界的座標來看，
似乎也在往空間方向移動
以光錐內的座標來看是在時間
上移動，以外界的座標來看是
在空間上移動
空間

圖表1-4　時間與空間界線模糊不清的時空流形

假如能夠利用時光機穿越時空，像電影裡出現的那種，把時間與空間分開看待的移動方式應該很難辨到吧。換言之，以時空流形的觀點來看，應該很難做到空間上的地點相同，只有時間是正確回到過去的某個時刻。因為在相對論上，時間與空間會失去本質上的區別。舉例來說，看在以光速移動的人眼裡，周圍的景色會往行進方向收縮，動作也會變慢。也就是說，空間的收縮，以及時間的流逝會同時改變。

以相對論的觀點來說，只調整其中一方確實是很困難的吧。就連在現實世界，要運用GPS讓太空人準確地從飄浮著衛星的太空，降落到地表的某個地點也一樣很困難。就算把大氣狀況與空氣阻力等現實層面的問題擺到一邊，只要沒把光納入考量進行相對論的計算，隨隨便便就會偏離數公尺以上。假如還要再考量回到過去的某個時刻這件事，相信各位自然能夠明白，要正確地轉移到某個時刻是很困難的。產生很大的誤差可說是很正常的結果。

在科幻作品中，要調整前往的時刻並不難，還有作品能微調到事件發生的幾分鐘前，不過這可說是需要不同於時間旅行的機制或技術的課題。關於這點，《未來總動員》就描寫得較有真實感。在該劇的設定中，回到過去時也會有一週左右的誤差。

在這部作品裡，時光機不只用來轉移到另一個時間，也當作轉移到另一個空間的手段。如果說時光機的本質就是在時空流形中移動，時間轉移與空間轉移應該就沒有差別。那麼實際上，時光機理應也能同時做到如瞬間移動那樣的空間轉移。倒不如說，如果那個裝置是時光機，那麼它本來並不是只能倒轉時間的機器，原理上當然也能轉移空間吧。《未來總動員》的角色也會使用時光機移動到同個時代的其他地點。

說到一瞬間移動到遠方空間的技術，其實是有一種稱為量子遙傳（quantum teleportation）的現象。這不只是科幻作品才會出現的現象，現實中已觀測到，運用量子纏結（quantum entanglement）這種量子力學現象，將東西移動到遠方地點的現象。雖然目前只能移動量子這種基本粒子，不過如果延伸開來，原理上由原子構成的東西全都可以進行這種移動。

電影《星艦迷航記（*Star Trek*）》就有一種傳送裝置，可從某顆行星瞬間移動到太空再回到原處，如果要用科學角度好好解釋的話，量子遙傳可說是現實中最接近此裝置的技術。換言之，《星艦迷航記》的這個傳送裝置，實際上應該也能作為打造時光機的技術基礎。

## 有辦法改變過去嗎？

最後來看第三個問題：過去有辦法改變嗎？

這也算是時間旅行題材的科幻作品最大的主題。倒不如說，如果辦不到，那麼故事就會毫無變化而枯燥乏味，因此我們甚至可以說，對科幻作品而言過去必須是可以改變的。

不過，物理學普遍認為過去會受限於因果律而無法改變，「過去只能是過去」才是最自然的，因此如果以這個觀點來看，日本動畫《信長協奏曲》中所描寫時間旅行的方式感覺就很中規中矩。

故事講述一名現代的高中生，穿越到戰國時代成為信長的替身，不過在這部作品裡，主角只是照著歷史課本的內容採取行動。就另一方面來說，這部作品也試圖拿主角所具備的、嶄新的現代思維，解釋當時信長的古怪行徑，總之故事非常有趣，相當推薦各位一看。這部作品也拍成了真人版電影，由小栗旬主演。

這裡要說的是，《信長協奏曲》的主角基本上不採取會改變歷史的行動。可能也是因為他不熟悉歷史，總之雖然穿越到了戰國時代，但直到發生本能寺之變主角遭到殺害為止，故事都是按照「歷史完全不能改變」之觀點發展。我認為這應該是最有可能發生的時間旅行故事。

## 弒親悖論

不過，這樣一來就只是直接否定了科幻作品常見的、能夠改變歷史的故事，因此接下來就以「將因果律擺到一邊，歷史可以改變」的觀點擴大發想，更有彈性地來思考這個問題吧。

首先以弒親悖論（或稱祖父悖論，grandfather paradox）為例。

這個悖論是說，如果回到過去殺死父母（或祖父母），那麼自己會消失嗎？在《回到未來》裡，主角不是殺死父母，而是妨礙父母談戀愛，導致相片裡的自己逐漸消失，後來還有一幕可以看到主角的手突然消失不見。這些描寫都是在表現，存在於此刻的自己會因為因果關係而消失不見。眼前的人消失不見，對周遭的其他人而言可是一件大事吧。

那麼，要是真的殺死了父母，結果會怎麼樣呢？

我認為，既然透過時間旅行造訪過去的自己是存在的，應該就沒辦法在那裡殺死父母吧。因為這項行為若是成立，就會與自己的存在產生矛盾。

此外就算可以改變過去，能夠做到什麼程度也是一個問題。以殺死父母的設定來說也有這種可能：雖然可以改變過去，但無法做出有關自身存在的決定性變更。例如，弒親就像一種禁止行為，即使想殺也沒辦法順利實行，或是以失敗收場，又或者雖然殺害了母親，但此時母親已懷有身孕，最後只有孩子藉由緊急手術之類的方式奇蹟獲救。如此一來就不會陷入「自己會消失」的矛盾。至於母親去世這一新的事實，只要沒什麼客觀的證據，說不定也只要變更自己的記憶就能解決。

## 如何感知到過去的改變？

這裡的重點是，若要客觀陳述未來是否因過去的改變而變更，必須要有可比較兩個未來的證據或是觀察者。

否則的話，絕大多數都只是用過去的記憶出錯來了事。例如《回到未來》是藉由回到現在，確定世界產生了變化。可是我認為，本來無論如何都至少需要兩個人吧？一個是回到過去賦予變化的人，另一個是同時觀察該變化對現在有何影響的人。我們借用《未來總動員》的設定，假設有位博士使用時光機，將代理人送到過去。然後，這名代理人阻止了過去發生的病毒恐怖攻擊，那麼待在現在的博士，應該會目擊世界發生變化才對。

不過，這裡同樣想不到該怎麼合理解釋，為什麼只有這位博士「能夠觀察到這個現象並將之視為變化」。假如原本死於這場恐怖攻擊的人們，彷彿什麼事也沒發生般活著出現在這個世界，博士本身究竟能否觀察到這個變化並將之視為變化呢？如果博士的人格或記憶在瞬間改寫，她就再也沒辦法觀察到這個現象並將之視為變化，只會很自然地接受現實。也就是說，改變歷史所造成的變化應該是察覺不到的。

觀看電影的觀眾是從第三者的角度觀察那個世界的變化，所以能感知到前後的差異，但身處在那個世界的人們就完全不會察覺，我認為這樣想比較合理。如此一來，只要用「是做出這個改變的代理人一個人記錯」來解釋就解決了。換言之，如果有辦法大幅改變歷史，這就表示會誕生出全然不同的世界。我認為這近似平行世界的概念。

歸納上述內容，就算過去可以改變，結果也應該會是以下兩種情況：

①只能做出對歷史沒有任何影響的細微改變

②如果能夠大幅改變，就會形成自然存在著平行世界的世界

電影《時空線索》也用河流來說明這點。如果將正常的時間流比喻成河流，就算回到過去，通常也只會激起一點點波紋。假如能夠做出很大的改變，就會產生一條新的河流。而問題

就在於，這種時候，原本的河流會自然消失嗎？又或者會變成兩條並行的河流，亦即變成平行世界呢？

一般而言，科幻作品大多是以「被送到過去的主角」視角來講故事。不過，如果故事一直是以將主角送到過去的人物視角來描寫，結果會怎麼樣呢？其實這才是最令人好奇的問題。如果原本的河流會消失，那麼將主角送到過去的瞬間，歷史的改變就會反映到現在，於是包括送走主角的人與裝置在內，那個世界會整個消失。這樣的結局未免太黑暗了吧。

## 時間旅行觀察者的後續情況

不過，以平行世界的觀點來說，送走主角的人所在的世界接下來不會有任何變化。在此同時，還會存在著另一個發生過變化的世界。

平行世界這個世界觀，原本發想自量子力學的想像實驗「薛丁格的貓（Schrödinger's cat）」，此實驗認為在量子力學上，一隻貓能毫無矛盾地同時處於死亡狀態與生存狀態。

如果認為過去可以改變，平行世界可說是最能毫無矛盾地解釋的世界觀。這種存在著各種宇宙的世界又稱為多重宇宙（multiverse）。不過問題是，如果無法比較這兩個世界就沒意義了。倘若無法觀察另一個世界，那麼就等於只是個非現實的世界。假如是無從比較的平行世界，基本上就只能算是一種解釋了吧。美國影集《危機邊緣（*Fringe*）》講述平行世界互相重疊，導致雙方的世界面臨毀滅危機，而劇中人物能夠往來彼此的世界。如同這個例子，必須要能同時比較兩個世界，平行世界這一世界觀才有辦法當物理看待。

另外，在平行世界的劇本中，送走主角的人們會過著毫無變化的日常生活，所以拍成電影的話會變得一點也不有趣。目前幾乎沒有作品，是以送走主角的人物視角來描寫發生變化的世界吧。《未來總動員》是唯一有這種描寫的作品。將代理人送到過去的博士，已在實驗中給自己注射了進行時空轉移時所需的藥物。因此，她是唯一「能夠目擊」這個世界的改變，並「將之視為變化」的人物。至於劇中是如何描寫這種設定的呢？那就是博士周圍的人與物，猶如鬼魂一般飛快地移動。這種描寫方式十分近似電影《時光機器》裡，乘坐時光機的人所目擊的世界變化。

總之我想表達的是，假如能夠大幅改變過去，那麼認為世界都是同一個的話就會產生矛盾。換句話說，比較合理的想法是時間旅人原本所在的世界，與轉移後來到的世界並非同一個世界。

如果是另一個世界，就算改變過去，也只有那個世界的未來會產生變化，跟該名人物原本所屬世界的未來沒有任何關係。因為，後者是平行存在的另一個世界。除非有辦法往來這兩個世界，比較兩者進行確認，否則不會察覺到彼此的變化——這樣想比較合理吧？

## 如果不斷回到同一個過去，自己會增加嗎？

關於回到過去的時間旅行，還有一個令人好奇的問題。那就是：如果不斷回到同一個過去，每次回去時過去的自己是不是會增加呢？

假如回到的過去世界都是同一個，這可說是一點也不奇怪的合理發想。在《回到未來》第二集裡，當主角第二次回到過去時，他也目擊到在第一集回到過去的自己。假如為了阻止過去的某件事，而不斷進行時間旅行，那麼就會有數個自己同時存在於這個特定時刻。

順帶一提，在《未來總動員》的設定中，同一個人物的身體或同一個物體若是互相接觸，就會引起稱為「悖論（paradox）」的爆炸現象。如果將未來的手錶送到過去，讓它接觸同一隻手錶，就會引發足以讓時空出現裂縫的重大事件，所以劇中人物都盡可能避免這種情況。關於「每次回去時，待在過去的自己是否會增加」這個問題，假如回到的過去是平行世界的另一個過去，那麼結論就是不會增加。以平行世界的觀點來看，這樣想似乎比較合理：雖然會跟原本就存在的過去的自己撞個正著，但就算不斷進行時間旅行，自己的數量也不會增加。

## 實現飛天車所要做的準備

在《回到未來》第二集裡，迪羅倫跑車被改造成飛天車。這是因為在未來，飛天技術的研發相當發達。像滑板也是拿掉輪子，能浮在半空中移動。雖然這跟時間旅行沒有直接關聯，本章的最後就來稍微談一下這種飛天技術。

飛天車是人類的大夢想之一，科幻作品在描寫未來時，也時常會出現飛天車在空中移動的景象。的確，假如不只地面，連空中的立體空間都有道路，在各方面應該都會方便許多。但是，當認真思考是否真有需要時，卻沒辦法得出明確的答案。畢竟就連在地上都會發生交通事故，如果在空中移動，發生大規模事故的風險應該更高吧。空中不像地面道路有交通指標，這樣一來會完全變成無法無天的地帶吧？相信每個人都曾想像過這種危險的世界。

個人認為，若連發生事故的可能性都一併考量進去的話，最多只能讓無人機之類的無人載具在空中移動。但即便是無人機也一樣不難想像，日後會更常因為擅自在空中飛行，而發生隱私問題或非法侵入問題。選項一旦增加，出於惡意利用這類工具的犯罪種類也會隨之增多，因此壞處應該會比好處還多，並衍生出堆積如山的問題。

不過調查之後發現，真的有民間企業在研發能於空中移動的車，而研究這項次世代技術的主要是出身於汽車製造商與航空業的人士。

就技術發展這個意思來說，科學要發展就必須摸索各種可能性並進行研究。不過，運用這項技術的是未來的我們，我們必須從更實際的角度去看待這件事，趁早制定新的規則來防範社會風險才行。

試著以這種觀點，想像一下你認為能夠實現的未來世界究竟是什麼樣子，也是一件很有樂趣的事喔！

第2章

# 回到過去的探員擁有自由意志嗎？

《時空線索》

## 最有真實感的時間旅行

接下來要介紹的是電影《時空線索》（譯註：原名《*Déjà Vu*》，為法語「似曾相識」、「既視感」之意）。這部作品的有趣之處，在於不明示「主角一再進行時間旅行」，而是藉由表現手法暗示這點，擴大想像空間來勾起觀眾的興趣。由於故事有點複雜，為了沒看過電影的讀者，本章就按照劇情發展進行解說，並且再討論幾個有關時間旅行的問題。

電影是以和平的海軍出航場景揭開序幕。不久，那艘船就突然發生爆炸，五百多人因此喪命。為了查明這起事故的肇因，丹佐・華盛頓（Denzel Washington）飾演的主角道格（Douglas）來到了現場。他是一名ＡＴＦ（菸酒槍炮及爆裂物管理局）探員，而ＡＴＦ是美國專門管理爆裂物的政府單位。

其實，在開頭道格登場的這一幕之後，隨即出現一個有關時間旅行的重要場景：道格聽到手機鈴聲，從口袋取出手機。建議各位在看電影時，一定要用心仔細地觀察這一幕。

這個場景乍看之下，只是道格拿出口袋裡的手機查看而已。不過，換個角度卻會發現，附近的屍袋似乎也發出跟道格的手機一樣的鈴聲。

從另一個角度的場景可以看見，道格注意到鈴聲而轉身後，屍袋裡似乎發出了手機鈴聲。究竟屍袋裡的那個人，是進行時間旅行後死亡的道格，還是打電話給他的人呢？此時電影才演不到十分鐘，卻已埋下暗示時間旅行的伏筆。

故事繼續往下發展，現場的跡證顯示這起事故並非意外。此外事故發生前，發生爆炸的河川下游發現一具女性遺體，這件事特別令道格心生疑惑。這名死者是被燒死的，於是他推測，之所以會發生船隻爆炸案，可能是為了掩蓋這名女子遭到殺害的事實。因此，道格前往化為屍體的女子家中搜查。

抵達女子的住處後，道格立刻展開搜查。結果，道格在這裡遇到一件怪事：他從電話答錄機聽到了自己的留言。前來搜查這間屋子之前，同事曾告知道格有人來電找他，並給他一張寫了電話號碼的紙條，這通留言正是他回撥那個號碼時留下的。

原來打電話找自己的人就是那名化為可疑屍體被人發現的女子，這件事令道格驚訝不已。

而且，這間屋子裡到處都有自己的指紋，還發現沾了血的紗布。

當然，到了電影的後半段便會明白，這些都是回到過去的道格自己留下的痕跡。不過，包括劇情在內按照時間順序說明會比較好懂，因此這裡就以這種方式進行解說。總而言之，這個故事從一開始，就將已回到過去一次的自己所留下的痕跡編入現在。

若按照正常的時間軸，從道格的視角整理事件，則時間順序如下：

①搜查可疑女屍的住處
②進行時間旅行回到過去
③在過去解救女子時受傷，到她家包紮傷口

不過，電影的開頭已將未來的結果，即事件③所造成的情況編了進去。從因果律的觀點來看，這或許稱得上是最有真實感的時間旅行時序描寫方式。電影《超時空攔截（*Predestination*）》也是採用同樣的方式來描寫。此外，這部作品還有個非常離奇的設定：片中墜入情網的男女，以及兩人所生的孩子，這三名角色竟然全是同一個人。推薦各位一定要看看這部電影。

我們回到正題上吧。總之，如果過去因時間旅行而改變，那麼最無矛盾的描寫方式，應該就是早已將包括改變在內的所有事編入事件的時序裡。

假如描寫的是沒把時間旅行編入時序內的故事，以《時空線索》的劇情來說，當道格搜索民宅時就不會發現沾有自身血液的紗布。他應該會先扣押所有證物帶回局裡，做完②、③這兩件事後，重新檢查那些證物，這時才發現沾有自身血液的紗布不知為何自己跑進證物當中，目擊到情況改變的現象才對。但是，這種變化與因果律互相矛盾，因此將改變編入過去成為其中一環會比較自然。

而且，仔細想想，《時空線索》裡看得到已返回過去一次的痕跡，這表示從開頭就大顯身手的道格，至少是第二次回到過去的時間旅人。頭腦開始打結了吧？不過，如此一想便會覺得，這部電影實在很有意思。留在女子屋內留言板上的「U CaN SAVe heR（你能救她）」這則訊息，看起來也像是上一個回到過去的自己，留給現在的自己。

## 觀察過去的技術

故事繼續往下發展，輪到研發時間旅行裝置的ＦＢＩ特殊部門登場。這個部門似乎可以觀察過去，不過起初職員僅表示，他們能觀看運用影像技術立體重建的、真實的過去錄影影像。影像能回顧四天半前的過去，而且過去的任何時刻都只能看一次，一次只能看一處，無法快轉與倒帶。

不過，影像可隨意切換視角，所以此時的問題就是應該觀察四天半前的哪個地點。道格建議眾人，應該先觀察之前發現的那具女屍，克萊兒（Claire）。結果，他們看到了克萊兒與疑似犯人的人物講電話的畫面。這裡取得的資訊成了線索，眾人順利掌握到事發前嫌疑犯的行蹤。

到此為止，他們只是透過錄影影像觀察過去發生的事。沒想到，當直覺敏銳的道格拿雷射筆指向畫面時，本該是錄影影像的克萊兒卻注意到雷射筆的光點。於是道格發現，這個裝置可以干預過去的世界。原來眼前所見的不是影像，而是現實的過去。

這裡先離題聊一下有關觀察過去的技術吧。

如果只是要觀察過去，根本不需要時光機。在宇宙中距離越遠，觀測到的資訊越久遠。也就是說，如果想瞭解地球正值恐龍時代的宇宙，只要觀測距離地球1億光年的宇宙就好。之前觀測到的第五例重力波事件，是位於長蛇座方向距離地球1．3億光年的兩顆中子星所發出的信號，此事件持續了幾天，而當時觀測到的這個現象正是白堊紀時代某幾天發生的事。

當然，這並不是在觀察恐龍時代的地球，只是觀察其他天體過去的模樣罷了，不過只要運用這個原理，一樣有辦法觀察地球正值恐龍時代的情形。舉例來說，如果能在距離約一億光年的遠方星球上，架設精度與解析度超高、可觀察地球模樣的望遠鏡，應該就能反過來看到地球正值白堊紀的情形。不過，這種方法至少會面臨兩道障礙，一是要如何在這麼遠的地方架設觀測裝置，二是如何將獲得的資訊傳送到地球，卻不必花上一億年的時間。

關於架設裝置的問題，有個很科幻但也許有可能實現的辦法，就是請位在那顆遠方星球上的外星人架設這個觀測裝置。另外，我們也要架設可高精度觀測對方行星的裝置。然後，以超光速交換彼此想知道的資訊。但是，這種方法同樣需要比光速還快的超高速通訊技術吧。

那麼，實現超光速通訊的可能性或辦法是否存在呢？利用第1章介紹過的蟲洞，就是其中一種方法。只要利用蟲洞，就能瞬間跨越空間上的距離讓光移動到另一個位置，我們可將這種現象運用在通訊上。不過如同前述，這個方法同樣有很大的課題尚未解決，例如只有負能量能通過蟲洞，以及蟲洞仍只是理論上的東西。

除此之外，還有一種稍嫌不切實際的方法，就是運用假想粒子「迅子（tachyon）」。迅子是理論上速度比光還快的粒子。相對論認為，光速是自然界的最高速度以及速度的極限值，不過單就理論而言，我們能夠導入超越光速的特殊粒子來擴充相對論。但是，迅子的質量是用虛數，也就是現實中不存在的值來表示。

換句話說，假使迅子真的存在，而且以超光速移動，能否觀測、捕捉到它又是另一個問題。這裡就假設，我們能夠觀測及操作迅子好了。迅子的速度超過光速，所以能夠實現打破因果律的通訊。

舉例來說，只要設定妥當，我們就能從未來發送訊息給過去的自己。由於這並非有辦法詳細說明的實際點子，關於設定方式這裡就省略不談了。總之原理上我們能在得知「賽馬結果」後，讓過去的自己「購買中獎的馬票」。

透過這種方式干預過去究竟會產生什麼結果，以及本書討論的主題之一「改變歷史會怎麼樣」，都是很令人好奇的問題呢。個人仍舊認為，因果律不會被打破，時間流不會發生變化，所以就算告訴過去的自己哪張馬票會中獎，也可能出現某種障礙而「絕對沒辦法買到」。說不定有某種存在正監控著整個時空，以避免發生任何禁止行為。

不好意思離題了，再把話題拉回到電影上吧。

## 不完美的「結局」

得知可以干預過去後，道格決定將一張字條傳送到過去，藉此告訴過去的自己，這名嫌疑犯出現的地點與時刻。然而，拿到那張字條的人不是道格，而是他的搭檔賴瑞（Larry）。覺得奇怪的賴瑞前往案發前的現場，卻在那裡遇到嫌疑犯，結果遭對方開槍擊倒並搬到車上。

道格為了找出槍擊搭檔的嫌疑犯藏身之處，便著手透過影像追蹤嫌疑犯的車。可是，嫌疑犯就快要跑出這個裝置的觀察範圍了。於是，道格戴上同樣可看到過去的特殊眼鏡，親自開車追蹤嫌疑犯，總算找到對方的藏身之處。

現場只見遭救護車撞進去而爆炸、燒毀的房屋殘骸。至於眼鏡的畫面，則是映出嫌疑犯拖著賴瑞的身影，以及尚未燒毀的房屋。道格根據影像，追著嫌疑犯的行蹤。然而，拚了命地追蹤也是徒勞無功，最後道格得知嫌疑犯給了搭檔賴瑞致命一擊。

接下來，搜查暫時換回現實世界的一般做法。由於追蹤過程中也掌握到嫌疑犯的長相，之後很順利地鎖定並逮捕嫌疑犯。上司也向道格宣布搜查結束。

題外話，這裡飾演犯人的吉姆·卡維佐（Jim Caviezel），在美國影集《疑犯追蹤（*Person of Interest*）》裡，飾演能夠看見未來預先阻止犯罪的主角探員。同一個人在以過去及未來為題材的兩部作品中，分別飾演反派與正派，從這層關係來看還挺有意思的。

## 時間旅行對人體完全沒有影響嗎？

不過，道格並未因為解決案件而開心。他想做的，是親自回到過去拯救死者的性命。因此，他打算像傳送字條那樣，把自己送到過去。

從臺詞之類的資訊來推測，《時空線索》的時間旅行，可能是製造如蟲洞那樣的通道將人或物送到過去。不過在電影的設定中，通過這條通道時，人會受到影響導致心跳停止。這實在是很嶄新的設定。其他的科幻作品當中也有全裸穿越時空，或是抵達後嘔吐之類的描寫，但在這部電影裡，抵達過去時還得找人救活自己才行。因此，他們將傳送目的地選在醫院的手術室，還在道格的胸口寫上「請救活我」這幾個字。

不僅要分解成量子尺度，心跳還會停止，這部作品描寫的時間旅行還真是相當危險的行為，感覺得到不同於其他作品的獨特真實感。

## 未來產生變化的時機

就這樣，道格透過時間旅行回到案發當天的早上。接下來的劇情，就是在過去的世界裡解救被捲入犯罪行為的克萊兒。

繼續說明之前，我們先來討論一下到這個階段為止令人疑惑的問題吧。那個問題就是，將道格送到過去的職員後續的情況。

也就是說，他們的世界變得怎麼樣了？這是前面也討論過的題目，不過在《時空線索》裡角色能夠即時觀察過去的改變，同時也能觀察現實的變化，這是前所未有的狀況。舉個跟故事無關的例子，假如把克萊兒的遺體搬到職員的旁邊，同時觀察道格在過去展開的行動與現實世界的遺體，結果會怎麼樣呢？

如果道格順利解救克萊兒並阻止了恐怖攻擊，職員旁邊的遺體應該會消失，或者她就像是沒死一樣突然活過來。當然，以平行世界的觀點來說，道格改變的是跟原本的世界完全無關的世界的過去，所以原世界的遺體不會甦醒，死於恐怖攻擊的犧牲者也不會復活。

接著來想想看，假如是同一個世界，結果會怎麼樣吧。這裡的問題是，道格透過時間旅行回到過去後，他的行動會在哪個時間點給現實帶來某種變化。職員們觀察回到四天半前的道格所展開的行動，而現實世界裡躺在一旁的克萊兒，是不是要等到他們能夠判斷道格成功解救她時才會復活呢？當道格阻止了成為恐怖攻擊目標的船隻爆炸時，犧牲者是不是會一起復活回到這個世界呢？

就電影的安排而言，這種結果當然是比較好的，但仔細想想又覺得不會發生這種事。我的意思並非死者不會復活，而是無論過去何時改變，現實的變化都應該與前者的時機無關。無論是一週前的改變，還是一個小時前的改變，對現在的人而言兩者都一樣只能歸類為「非現在的過去」。因為，過去遭到改變的時刻差距，應該與現在的變化無關才對。過去的改變，必須在一瞬間對現在的改變造成影響，否則就不合理了。換言之，在看到道格努力的結果之前，將他送到過去的那一刻，躺在一旁的克萊兒就應該要復活才對。現實應該在一瞬間改變，這也意謂著道格在過去努力行動的結果，已成了一種既定的命運。

在這種情況下，負責觀察的職員已透過現實的變化，得知道格能否成功解救克萊兒，反觀回到過去的道格則完全不曉得自己未來的行動與結果。那麼，假如這時壞心眼的職員提供道格假資訊，下達會導致他無法阻止恐怖攻擊的指令，結果會怎麼樣呢？這個瞬間現實世界又會再度改變嗎？

## 時間旅人的自由意志

我認為，現實世界不會因為假指令而再度改變。原因在於，將道格送到過去的那一刻，現實應該就會瞬間改變成過去所有行動所造成的結果。現實應該會變成，包括道格聽從假指令的行為在內一連串的過去所造成的結果才對。也就是說，既然現實的歷史發生變化，無論如何操縱過去的道格，都注定會走向因某個緣故而不聽從假指令的未來吧。從電影的角度來看，最容易想像的情況就是，道格察覺到不對勁，於是忽視不阻止恐怖攻擊的指令，自行選擇要採取的行動吧。不過，就連這個自由意志，也已變成所謂的命定行為編入現實當中。

這次我們用同樣的設定，將「過去與現在」換成「現在與未來」思考看看吧。

假設在未來，有個算不上時間旅行，但能觀察過去下達某些指令的系統。在這種情況下，對未來人而言，活在現在的我們所採取的行動全是已發生的過去。換言之，我們以為是出於自由意志的行動，從未來人的角度來看卻是早已命中注定的事，呈現一種很詭異的狀態。這意謂著活在現在的我們未來採取的行動，算是一種命運，我們無法自由決定。因此，這種情況應該也根本不存在自由意志，世界也無法再度改變。

不過，對現在的我們而言接下來的行動，都是自己可以決定的，只是以未來的結果而言，一切都是早已注定的事——總之應該是這樣的狀態吧？

但是，如果想成「只是跟平行世界的另一個過去取得聯絡」，兩者就完全沒有關係了，所以就能容易理解清楚。不過，以這個觀點來說，道格的行為，就與負責觀察的職員所在的現實沒有關係了。道格能改變的，只有他前往的另一個世界的未來，而不是職員所在世界的現實。如果這兩個世界是平行而毫無關聯的，這種情況就跟在夢裡的世界想像另一個現實差不多吧？

## 道格採取的命定行動

那麼，接著就來解說電影後半段，案發當天早上以後發生的事吧。

被醫院救活的道格，開著救護車前往犯人的藏身之處。

抵達現場後，道格駕著救護車撞進屋內。此時他多半發覺「那輛救護車原來是現在的自己開的嗎」，注意到自己現在的行動，已編入時間旅行前的世界才對。此外他也感到不安，擔心接下來不管自己再怎麼努力，未來都注定會發生那起爆炸案，克萊兒也會死亡吧。因為在之後的場景中他曾說過這樣的臺詞：「天啊，我什麼也沒改變。」

道格順利救出被關在這裡的克萊兒後，為了治療受傷的道格，兩人前往克萊兒家。來到克萊兒家後，道格拿紗布擦掉傷口流出的血，他所採取的行動簡直就像在重現初次踏入克萊兒家時看到的現場。然後，他用留言板上的磁鐵排出「你能救她」這則訊息。

假如這時實驗性地將自己未來的行動反過來做會怎麼樣呢？例如，道格在這個時候，注意到留言板上的訊息是自己排的。假如他刻意不動磁鐵，沒留下訊息的話會怎麼樣呢？考量到現在的行動已編入時間旅行前的世界，那麼結果就有以下三種可能：

①道格的行動是既定事項，完全無法採取出於自由意志的行動，換言之即使決定不碰磁鐵，也會陷入非碰不可的狀況

②他能夠自由決定要採取的行動，但結果不會改變。例如，最後變成克萊兒不知為何在留言板上排出那則訊息

③自己的記憶遭到改寫，變成留言板上並無救出克萊兒的訊息

我認為，①任何行動都是既定的事這種狀況比較自然，各位覺得如何呢？這裡同樣會出現，「在時間旅行中能否採取出於自由意志的行動」這個問題。

## 巧妙地呼應片名

包紮完傷口，兩人便前往爆炸案現場。抵達後，兩人發現了看似已設置好炸彈的犯人。電影最後的這二十分鐘，是以另一個視角觀看，重現電影開頭到爆炸瞬間的影像。

在這個時間點，未來能走向任何結果。雖然千辛萬苦努力扭轉結局，最後那艘船仍然爆炸了，兩人都死亡變成遺體，被這個過去的道格發現——這種跟之前沒有任何不同的未來也十分有可能發生。

那麼，實際的故事是如何發展的呢？

那艘船並未爆炸，大多數人都獲救了。不過，兩人卻被關在載著炸彈的車裡，就這麼沉入海中。克萊兒在道格的幫助下總算得以生還。可是，道格未能逃出載著炸彈的車，最後捲入爆炸而死。

克萊兒生還後得到警官保護，並且要接受偵訊。這時，過去的道格出現在現場。準備進行偵訊時，道格一再露出像是有什麼在意的事、像是想起了什麼似的表情。於是，克萊兒便問：「倘若你要告訴別人一個最重要的祕密，但你知道對方不會相信你，你會怎麼做？」停頓一口氣後，道格回答：「我不會放棄嘗試。」隨後他突然露出察覺到什麼的表情，笑著說了一句「不會吧！（這就是所謂的既視感嗎？）」電影便結束了。其實之前在克萊兒家，兩人也進行過同樣的對話。至於括號的部分，則是我自己的想像。

電影刻意只讓道格講完「不會吧！」就結束，藉由這種手法暗示，另一個時間軸的自己與進行時間旅行的自己，兩者的記憶混合在一起，所以才會形成既視感。當自己有「總覺得似曾相識」這種既視感時，如果解釋成「其實自己在另一個世界經歷了一場大規模的時間旅行」，應該會很有意思吧。

## 道格是第幾次回到過去的時間旅人呢？

看完結局後，我們再把話題拉回到開頭屍袋裡的人物上吧。那具屍體會不會就是回到過去的道格本人呢？也就是說，這部電影大部分描寫的是，進行第二次時間旅行的道格，在他之前至少有另一個道格進行過時間旅行，但未能抓到犯人，未能拯救克萊兒，也未能成功阻止恐怖攻擊就死了。甚至有可能為了達成這項救援任務，道格一再地進行時間旅行。

關於最後一幕的道格，我們也來試想一下他今後的狀況吧。在這之後，他會再度進行時間旅行嗎？

最起碼，他應該會經歷這種離奇的現象：不知為何在溺死的屍體當中，看到了自己的遺體。說不定在他覺得奇怪而調查這起案件後，又有FBI特殊部門的人向他介紹時光機。於是，他前往過去，結果又在那裡死亡——我覺得應該會形成這種擺脫不了命運的循環結構。再者，雖然成功阻止恐怖攻擊，船上的人都平安無事，但最重要的搭檔賴瑞還是死了。因此，道格為了救他，再一次回到過去，應該也是很自然的發展。

如果用上述的觀點重新觀看《時空線索》，應該會更加覺得這是個很有深度的故事。另外，這部電影裡至少有兩個道格存在於同一個時刻，雖然前往過去的道格，以及本來就存在於過去的道格恰巧沒接觸到彼此，不過我非常好奇兩者要是接觸了會怎麼樣。在《未來總動員》裡，同一個人或物只要互相接觸就會爆炸、消滅，該劇稱這種虛構現象為「悖論」。這種描寫近似粒子與反粒子的湮滅，讓人不禁期待是否會發生什麼有趣的基本粒子物理學現象。例如，構成物質的粒子「費米子（fermion）」遵守包立不相容原理（Pauli exclusion principle），故兩個相同的費米子無法重疊在同一個空間。雖然不清楚這是不是引發「悖論」現象的直接原因，不過我對於物理學從未設想過的「同一個粒子重疊在同一個時刻」之情況很感興趣。

手塚治虫的漫畫《火之鳥（異形篇）》，也是描寫與過去的自己接觸的作品。主角前往某間寺院殺害住持，但殺完人要離開寺院時，卻發現時間回到了過去。於是，主角本人就在這裡當僧侶，等著被未來造訪寺院的自己殺害。前述的「悖論」現象，在這部作品裡則是比喻為因果報應，描寫成一種不斷循環的悲慘命運。觀看作品時，如果能夠暫停影片好好思索一下這種時間旅行引發的奇妙矛盾，也是一種樂趣喔！

第3章

# 名為「逆轉」的新型時間旅行

《TENET天能》

《TENET天能》藍光雙碟版
建議售價：NT888元
圖像提供：得利影視

## 逆轉時間

在以時間倒流為主題的科幻作品當中，電影《TENET天能》採用了相當嶄新的描寫方式。這部電影是以逆轉時間的現象為題材。不同於以往藉由轉移前往過去的方式，《TENET天能》是在時間倒著走的世界裡，實際體驗時間的流逝來回到過去。

電影的故事大意是說，主角為了拯救世界，跟搭檔尼爾（Neil）合力逮捕某個壞人。過程中有槍戰，有臥底，有飛車追逐。片中不斷上演與敵人戰鬥的戲碼，而且敵人當中還包含未來的自己。

英文片名《*TENET*》，源自於神祕的古代回文。這個回文是刻在，因西元79年義大利維蘇威火山（Mount Vesuvius）爆發而消失的古城遺跡所出土的石板上。兩萬多人於一夕之間消失的龐貝（Pompeii）古城舉世聞名，而石板出土的地方就是鄰近的赫庫蘭尼姆古城（Herculaneum）遺跡。

英文「TENET」由上往下念或由下往上念都一樣，也就是所謂的回文。如圖表3-1所示，石板上由右到左排列著「SATOR」、「AREPO」、「TENET」、「OPERA」、「ROTAS」這五個縱向字串，無論直著讀還是橫著讀都一樣。直譯的話意思是「農夫阿雷波用犁來耕作」，不過神祕學相信這些字串具有更深的含意。

這個回文不僅與電影主題「逆轉時間」扯上關係，石板上的文字也跟出現在電影裡的人事物連結，例如：

SATOR（薩托）＝邪惡組織老大的名字
AREPO（阿雷波）＝哥雅仿畫繪製者的名字
TENET（天能）＝回到過去的裝置？組織名稱？
OPERA（歌劇）＝電影開頭的歌劇
ROTAS（路特速）＝電影裡在奧斯陸機場興建藝術品倉庫的公司

另外，這個回文據說也是揭開尼爾這名搭檔真實身分的線索。

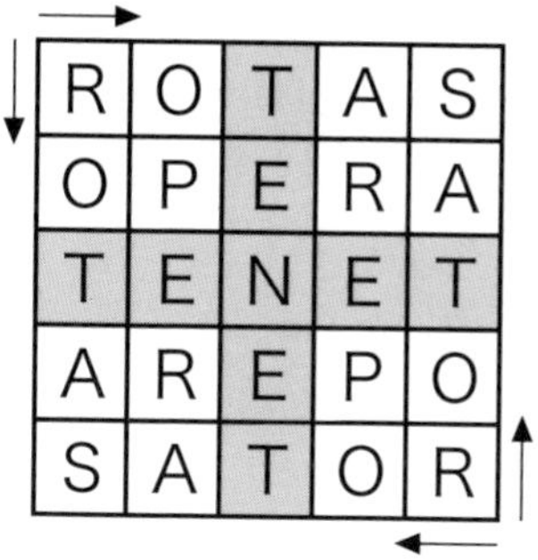


圖表3-1　在赫庫蘭尼姆古城發現的石板回文

## 搭檔名字的由來

主角除了要保護世界，還要保護女主角凱特（Kat）與她的兒子。

說個題外話，飾演主角的約翰・大衛・華盛頓（John David Washington），是《時空線索》主角丹佐・華盛頓的兒子。父子倆都演出「進行時間旅行，拯救世界與美女」這種故事的電影，感覺實在很像是一種因果循環。

話說回來，女主角凱特的兒子，他的長相其實從來不曾在螢幕上曝光，每次出現都只看得到背影或金髮。影迷便猜測，這名少年就是日後成為主角搭檔的尼爾本人吧。

也就是說，主角救了未來成為尼爾的少年。此外，尼爾也等於是在執行這項任務時，回到過去解救自己的人物。因此，我們也可以認為這是一個「拯救少年，以及被未來的少年拯救」，猶如回文一般的故事。

關於這個推測，其中一項宛如都市傳說的根據是：凱特之子的名字「麥斯（Max）」。正式的名字是「Maximilien」，如果像回文那樣倒著看，前四個字母就是「Neil（尼爾）」。此外，將「Maximilien」拆開來，用連字號區隔成「Max-imi-lien」，再分別從前面與後面看起，也可解讀為「Max I'm」與「Neil I'm」，而兩者是透過「m」連接起來。這應該可以算是具有一定說服力的電影隱藏設定吧。

## 一般的時間旅行

那麼，我們就把討論的重點，放在《TENET天能》的時間旅行上吧。

開頭提到的逆轉時間，是什麼樣的時間旅行呢？

我們先參考圖表3-2，重新複習與整理前面介紹過的時間旅行時間流吧。

最上面的是正常的時間之箭。在孤立系統內，熵永遠只會增加，此定律全宇宙都適用。這個箭頭的世界受限於因果律，任何現象都是原因先於結果。以圖片中杯子翻倒的情況為例，因為「A：杯子翻倒了」，所以「B：果汁灑出來」，「C：弄髒了地板」。

接著來看圖表3-2的第二個箭頭，這是一般認為的時間旅行，又稱為時間轉移。也就是先跳到過去的某個時刻，接下來就依照正常的時間流行進。像《回到未來》這類作品裡常見的時間旅行幾乎都是這種方式。若以杯子裡的果汁為例來說明，就是在杯子翻倒而果汁灑在地上後，轉移到杯子翻倒前的時間點。

第三個箭頭是介紹《時空線索》時說明過的平行世界的時間轉移。

基本上跟第二個箭頭很相似，不過第二個箭頭是將「從未來轉移過來」這件事，直接編入那個世界過去的歷史中，因此是無法大幅改變的世界。反觀第三個箭頭，是最能像電影那樣自然地改變過去的時間轉移。倘若原本存在著X與Y這兩個世界，而我們從X的現在轉移到過去的話，是移動到Y的過去，而不是X的過去。因此就算大幅改變歷史，產生變化的也會是Y的現在。這樣就形成一個整體（時間旅行前後的世界）不會產生矛盾的結構。若以杯子為例來說明，在果汁灑出來後進行時間轉移來到的「杯子翻倒前的世界」，其實是與原本的世界同時存在的另一個世界。

## 逆轉時間是怎麼回事？

前面複習的是，《TENET天能》之前的科幻電影常見的兩種時間轉移。接下來進入正題，談談什麼是時間逆轉。

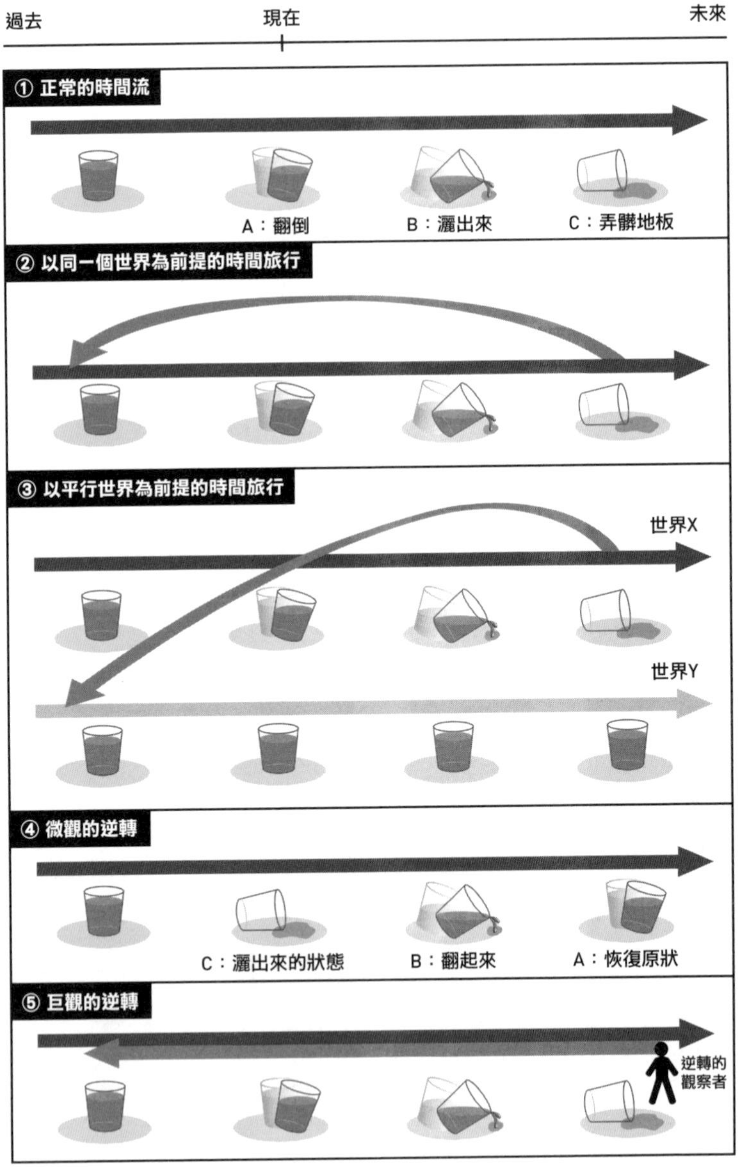


圖表3-2　時間旅行的種類與時間流

時間逆轉也跟時間轉移一樣，主要有兩種類型。兩者都在《TENET天能》出現過，我們就逐一來看看吧。

第一種是以量子力學為代表的微觀時間逆轉。這原本是基本粒子尺度的現象，目前已有人在量子電腦上觀察到熵的逆轉現象（更詳細的內容請參考作者的日文著作《時間能倒流嗎？》一書）。

圖表3-2的第四格就相當於微觀的時間逆轉。假如熵的逆轉發生在果汁灑出來的現象上，那麼時間順序會顛倒過來，變成結果先出現，最後才是原因，也就是C→B→A。

我們來看看包括前後的時間在內整體的時間流吧。首先，眼前有一只施了逆轉魔法的杯子。拿起杯子的瞬間是現在。下個瞬間，突然變成C「灑在地板上的果汁」狀態。這個變化應該會使我們嚇一跳吧，不過一點也不需要慌張。因為馬上就會變成B，然後恢復成A，也就是彷彿什麼事都沒發生般恢復原狀。之後，果汁還有可能再灑出來，這樣的話現象就會不斷循環重現。因此簡單來說，就是先發生結論，再發生原因，回到原狀之後便結束。結束後就是回到正常的時間流而已。

微觀的逆轉，只是逆轉這種小規模現象的發生順序，因此不過是提出「未來的預言」，但最終等於什麼事也沒發生，接下來就回到正常的時間流。這種逆轉在《TENET天能》裡時常出現，由於結論先出現，本該覺得可怕的場景也會變得完全不可怕。舉例來說，當中有個場景是先出現留著彈孔的牆壁。這個場景也一樣，如果牆壁上沒有血跡，就能事先知道這場槍戰無人中彈。接下來的行動就只是照著過程走一遍罷了。

## 有辦法感知到世界是倒著走的嗎？

另一種時間逆轉，是巨觀的時間逆轉。

這可用循環宇宙論來解釋。詳細說明容我省略，總之以這個理論來解釋的話，世界並無所謂的開始與結束，時間是一再地輪流順行與逆行，逆行時所有現象都會顛倒過來，也就是整個宇宙處於倒著播放的狀態。正確來說，能夠感知到時間順行與逆行的人，只有（來自這個宇宙之外的）觀察者而已。原本就住在這個世界的人，並不會察覺到時間是否逆行，因為沒有東西可以拿來比較（關於這個部分，如果想知道更詳細的內容，同樣可以參考《時間能倒流嗎？》一書）。

對熵增加的我們而言這個世界的時間是順行的，因此必須由熵減少的世界居民來這裡觀察，只有他們才會覺得這個世界的時間是逆行的。舉例來說，假設你闖進了大部分的車子都是倒著開的世界。看到車子倒著開，你會很驚訝，但在這個世界裡，大家都認為車子倒著開才是正常的駕駛方式，所以沒人覺得不正常。即便你再怎麼強調這是個時間逆行的世界，除非這個世界的居民能夠覺得你原本所處的世界時間流與物的變化是正常的，否則他們不會察覺到時間是逆向流動，或是覺得動作不正常。

電影則採相反的設定，在該片的世界裡，出現了時間逆行世界的東西，或處於時間逆行狀態的觀察者。拿圖表3-2來說就相當於第五格的箭頭，代表正常世界的時間流之箭頭，與依循反方向箭頭的觀察者同時存在。唯有透過這名觀察者，才看得出來這是個時間逆轉的世界。以科學角度而言這是非常跳躍的逆轉。不過在《TENET天能》裡，只要利用某個裝置，就能使自己處於熵逆轉的狀態，從而能夠逆著時間在現實世界裡活動。這是回到過去的手法之關鍵。

在電影裡，觀察者並不是直接轉移到另一個時間。他們只是觀察逆轉的世界，相對的自己以外的一切都是逆著時間行進。電影便是利用這個設定，讓「時間逆轉＝回到過去」成立。不過，若要回到特定的過去，這個過去有多久遠就得等上同樣久的時間。如果想回到一週前的過去，就得在時間逆轉的世界裡度過一週。

## 實在令人好奇的設定

關於《TENET天能》的時間旅行原理，單從電影臺詞來推測的話，應該就如同「正子是時間逆行的電子」這句臺詞的意思，是利用反物質才對。不過，假如某個人物的原子全變成反粒子，當他接觸到我們這個世界的東西（粒子）的瞬間，就會湮滅而消失。換句話說，就連大氣中的分子，都會變成消滅這個人物的武器。雖然電影裡的角色是戴上氧氣面罩呼吸，但這可說是無法靠那種辦法解決的問題。

另外，時間倒流，亦即熵減少這一事件，其大前提是必須為孤立系統。孤立系統是指，完全不與外界交互作用（例如能量的供應或發散）的狀態。舉例來說，假如自己把凌亂的房間打掃乾淨，單看房間的情況可以說是熵減少了，但實際上打掃的自己（外界）與房間有所接觸。只有在孤立且熵減少的狀態下，才能夠說「時間逆轉了」。就算像《TENET天能》那樣存在著熵減少的東西，但在人碰觸到那個東西，或那個東西與外界接觸的當下，就不再算是孤立系統了，因此在這點上電影世界與物理世界也有很大的不同。

不過，故事的關鍵「逆轉時間的方法」，我覺得電影的呈現方式非常好。

當初看電影時，我還以為可能會像以往的科幻電影一樣，採用「按下開關就會逆轉」這種簡單的表現手法，沒想到卻是利用類似旋轉門的機關進入逆轉的世界，真是相當有趣的設定。詳情建議直接看電影如何表現，簡單來說連接旋轉門的通道，其中一邊的牆壁就像玻璃一樣，當人進入旋轉門的同時，也會看到未來的自己從那道門逆著走出來。總之並非只要按下開關就能進入時間逆轉的狀態，而是藉著透明玻璃對稱地呈現時間順行以及時間逆行的狀態。以旋轉門作為時間逆轉的轉換點，讓人能夠從視覺上得知那裡是時間的切換點，實在可以說是很高明的呈現方式。除此之外，像「在逆轉狀態下，必須戴著氧氣面罩才能呼吸」這點也是刻意不說明，而是透過細節設定來呈現，這也可以說是這部作品的魅力。讓人有股莫名的真實感。

第4章

# 殺人機器是從五維世界穿越而來的嗎？

《魔鬼終結者》系列

《終結者外傳第1季》
3碟精裝DVD
建議售價：NT498元
圖像提供：得利影視

## 機器與人類，何者比較容易傳送？

接下來試著透過《魔鬼終結者（*The Terminator*）》系列探討一下，時間旅行中傳送物的重新組成與時間旅行的新方法論吧。

這個系列原本是電影作品，後來又推出兩季的電視影集《終結者外傳（*Terminator: The Sarah Connor Chronicles*）》。知道故事內容的讀者應該不少，總之作品的主題就是一場發生在未來，具備先進人工智慧而舉旗造反的機器人軍團，與倖存的人類反抗軍之間的戰爭。不過，作品主要描寫的是，從未來傳送到現在的刺客機器人（終結者），以及保護主角的終結者之間的攻防，而不是這場未來的戰爭。主角莎拉·康納的兒子，在未來是反抗軍的領袖，因此機器人軍團企圖透過時間旅行從未來回到過去阻止他誕生。

個人覺得，電視影集的故事很有趣。因為電視影集描寫的是，莎拉的兒子約翰．康納（John Connor）邁入青年期，到他成為反抗軍領袖的成長過程。另外，從未來送過來保護約翰的終結者，也不是如阿諾．史瓦辛格（Arnold Schwarzenegger）那種長相可怕的大叔，而是名叫卡麥蓉（Cameron）的超級美少女，乍看根本看不出她是殺人機器。我認為這種意外性為故事增添了廣度，有趣度也大幅提升。除此之外，電影從頭到尾都很嚴肅，反觀電視影集不只有嚴肅劇情，還有喜劇橋段，以及悠閒平靜的校園場景，增加了故事的厚度。

此作品有個經典的場景：進行時間轉移後，基本上傳送目的地會突然出現一顆光球，來自未來的使者則一絲不掛地從中出現。

這裡就試著重新考察時間旅行的傳送吧。

前面提到時間旅行的原理，最起碼應該要先分解成量子狀態再傳送。換言之，抵達傳送目的地時，一定要從量子狀態的微觀粒子重新組成巨觀物體。

因此，若拿生物的肉體與無機物之類的金屬來比較，金屬可說是比較容易重新組成的傳送物質。舉例來說，鐵的結構很單純，就是無數個單一元素整齊排列，但生物這種有機體卻不是如此。就拿一個DNA來說，需要將碳、氫、氮等數種元素，組成複雜且立體的結構。因此，傳送巨觀物體時，如果傳送的是物質或無機物會簡單許多。這樣一想，傳送衣服或武器，似乎反而比傳送生物的肉體還要容易。換句話說，若問傳送人類時，肉體跟穿著的衣服哪個比較容易傳送，答案當然是衣服了。如果單就「在傳送目的地重新組成」這點來看，全裸可說是一點意義也沒有。這是因為，既然有能夠重新組成身體的技術，要傳送衣服之類的東西應該會更加容易才對。

## 得知轉移到哪個年代的實際方法

在這部電視影集的某一集裡，出現了一名從未來傳送到錯誤時間的終結者。這名終結者弄錯了時代，跑到相差數十年、正值禁酒令時代的美國。

如同前述，設定的回溯時刻與實際進行時間轉移後抵達的時刻，本來應該會有很大的差距。像《未來總動員》也出現過一週的誤差。因此就這點來看，產生數十年的誤差也是可以接受的。

可是，這裡出現了一個問題。

這名終結者，真有辦法正確測定自己被誤傳到的時代或年代嗎？

如果是人類，當下應該會看報紙的日期來確認吧。根據劇中的說明，那名終結者使用的方法是「觀測三顆恆星的徑向速度」。其實，這算得上是一個相當不錯的點子。不過，正確來說應該是「空間速度（space velocity）」，而不是「徑向速度（radial velocity）」。我們來看看兩者的差別吧。

首先，星座會隨著地球一天的自轉運動在天空中移動。不過誠如各位所知，並不是星星本身在移動，單純是因為看著星星的我們腳下的地面在移動。

因此，若排除地球自轉與繞著太陽轉的公轉運動等，各種隨著視角而動的表觀運動，就能得知恆星本身的真實運動。而這個速度就是恆星的空間速度。有些人以為星星在太空裡是靜止不動的，其實它們一直都是以極快的速度各自移動。就連普遍認為不會改變的星座形狀，若以數萬年的長期觀點來看，形狀也是會產生變化的。

此外，仔細調查恆星的空間速度會發現，當中包含朝我們的視線方向移動，亦即向著太陽接近或遠離的分量，這稱為徑向速度。

從劇中這一幕的描寫來看，除了視線方向（前後）外，恆星還往上下左右移動，因此應該將這視為空間速度吧。如果能正確測量空間速度，原理上是有辦法測定年代的。不過，雖說是由以未來技術製作的機器人進行精準觀測，但要做到抬頭看一眼天空就能測量遠方恆星的空間速度，應該還是非常困難的。

其實，還有另一種更快更實際的方法，就是根據北極星的位置測定年代。

事實上，北極星也會隨著時代而變。目前的北極星是小熊座α星（勾陳一），不過在地球的歷史上，也曾有過無恆星正好位在地軸北端的時代，或是以其他恆星當作北極星的時代。例如，在過去西元前3000年左右的埃及古王國時期，是以天龍座α星（右樞）為北極星；在未來西元4000年左右，北極星會變成仙王座γ星（少衛增八）。

那麼，為什麼北極星的位置會變動呢？請各位想像一下，轉到快停下來前軸心搖晃的陀螺。這種現象稱為進動或歲差（precession），以長期觀點來看，地球也像軸心搖晃的陀螺一樣進行旋轉運動，地軸並非永遠朝著固定的方向，而是如畫圓一般移動。因此，地軸所指的方向會隨著年代而變，北極星也會跟著改變。變更的週期，估計為2萬6000年左右。

北極星的位置，即是按照週期規律地改變。請各位想像一下時鐘。我們只要看指針就能立刻得知時刻，同理，只要能正確計算歲差，就能根據抵達時刻的北極星（地軸所指的方向）猜中時代。不過，要是誤差超過2萬6000年，因為已過了一個週期，這樣就無法區別了。話雖如此，要是回到那個時候，文明根本就還不存在，所以要得知年代應該會更簡單一點。

另外，想知道北極星的位置只要找周日運動的不動點即可，所以經過一晚的觀測後就能掌握位置。如果是普通人，即便觀測北極星，以觀測的精度而言應該很難準確猜中年代，但如果是終結者應該就能精準觀測，以數年或數個月為單位測定年代吧。

## 時間旅行的密技

我想在本章的最後，再次跟各位談談時間旅行的方法論。雖然以下的內容要掌握概念有點困難，但只要有辦法想像的話就夠了，請各位別急於搞懂概念，慢慢地看下去。

以往那種直接轉移到另一個時刻的時間旅行，都是假設背後有蟲洞之類的通道。但是，既然宇宙是一個由時間與空間組合而成的四維時空流形，從這點來看詮釋時間旅行的點子未必只有這一個。其實還有一個密技是：增加維度，從那裡移動。以增加一個維度的五維流形為例，在這裡移動的話，原理上是有可能讓四維時空的人看起來像突然穿越而來。

這裡舉個更具體一點的例子來解說吧。

說明高維宇宙的理論當中，有個稱為「膜宇宙（braneworld）」的五維宇宙模型，這也是統一理論的候選者之一。

這個模型最初是認為，我們存在的時空（三維空間＋一維時間）就像圖表4-1那樣是鑲在一片膜上。之後這個想法進一步發展，認為這片膜本身可往第四維空間方向移動。這個高維宇宙就稱為膜宇宙。存在於膜上的我們，基本上無法觀測到第五個維度，只能透過可在此維度傳播的重力波進行觀測（更詳細的內容會在之後介紹《星際效應》時提及）。

如果是這種宇宙，或許就能藉由往第四維空間方向移動，於一瞬間轉移到另一個地點。不過，膜宇宙的時間維度跟膜上的我們一樣都是一維，所以應該沒辦法在時間裡移動，無法進行

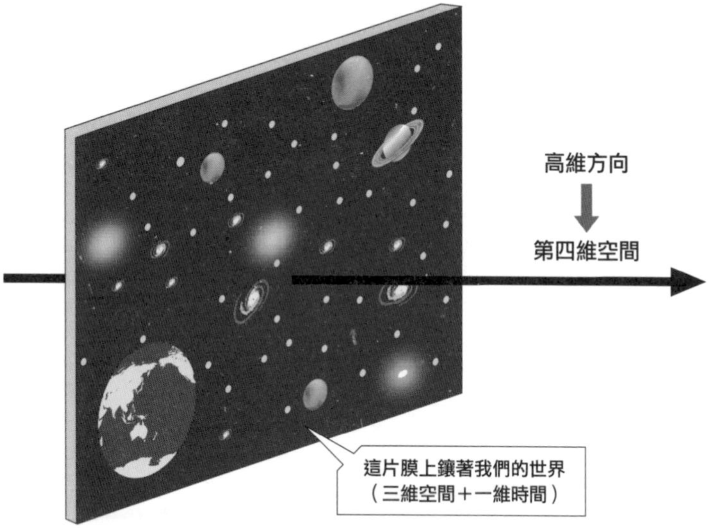
高維方向
第四維空間
這片膜上鑲著我們的世界
（三維空間＋一維時間）

圖表4-1　以第五個維度為空間的膜宇宙

時間旅行吧。

除此之外，還有一種特殊的模型，是具備兩條時間軸的宇宙模型。假如選擇此模型作為第五維度的軸，或許就能使用這條新的時間軸，移動到四維宇宙的其他時間。

請用空間想像一下。假如之前為一個維度，只能在直線上移動，若增加第二維空間方向，就能在平面內移動。因此，只要選擇適當的路線，要移動到直線上的其他地點應該就不難了。只不過，如果要前往遠方，移動距離也會變長。

若改用時間來解釋，就是只要使用第二維時間軸，便能夠前往過去，但不是直接轉移到另一個時間，而是要回到一週前就得花一週的時間（圖表4-2）。就某個意

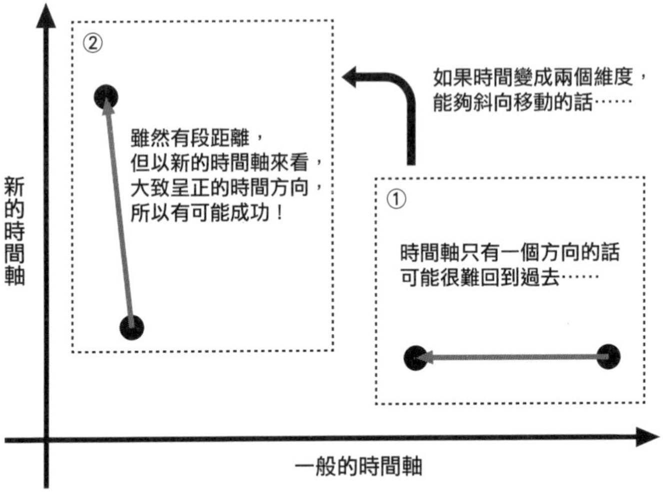
②
如果時間變成兩個維度，
能夠斜向移動的話……
雖然有段距離，
但以新的時間軸來看，
大致呈正的時間方向，
所以有可能成功！
新的時間軸
①
時間軸只有一個方向的話
可能很難回到過去……
一般的時間軸

圖表4-2　擁有兩條時間軸的宇宙模型

義而言，這或許類似《TENET天能》的逆轉時間方法。不過，如果這裡能再加上蟲洞的話，便可縮短時空流形的距離，因此說不定能順利實現。

從上述說明來看，劇中那種瞬間出現光球的呈現方式，如果說是高維度的移動，應該也是有可能的。也就是說，比起坐在椅子上的人或載具突然出現，空間本身被切割下來再突然出現的呈現方式，或許更像一回事。以上內容請當作我個人的感想。

無論如何，時間旅行之所以不易實現，很大一部分起因於此性質：這個世界的時間軸不知為何只有一條。假如有兩條時間軸，時間旅行應該會立刻變得輕而易舉吧。明明空間有三個維度，為什麼時間不是對稱的三個維度呢？仔細想想實在很不可思議呢。

第5章

# 如何感受到時間無限停止的世界？

《超異能英雄》

《超異能英雄 第一季》DVD
建議售價：NT1,888元
圖像提供：得利影視

## 一切都「停止」的世界之可能性

前面談的都是關於穿越時間的主題，最後也來看一下停止時間的主題吧。

美國影集《超異能英雄（*Heroes*）》裡，有個日本人角色叫做中村廣。中村廣擁有停止時間的能力。若以劇中的呈現方式來看，應該稱為「操縱時空的能力」比較正確。也就是說，他不但能像瞬間移動那樣轉移到另一個空間，當然也能倒轉時間進行時間旅行。而且，只要想像目的地即可發動能力。簡直就是一名堪稱英雄的無敵角色。

不過，時間旅行能力似乎很難控制抵達的時間，劇中經常出現抵達的時間，與原先設想的時刻差距頗大的情況。原因似乎與發動能力的方式有關。如果是空間轉移，由於不難想像景色的差異或國家的印象，要控制轉移的目的地似乎就比較容易，但換作過去或未來的時間，例如泡沫經濟時代或大正時代，就算能想像大致的差異，也很難明確想像詳細的年月日差異吧。另外，即便進行時間旅行，能不能改變過去也很難說，中村廣就曾抱怨：「到頭來不管做什麼都改變不了啊。」

不過，空間轉移與停止時間，在劇中可是相當厲害的能力。尤其是停止時間後，可以利用只有自己能動的空間來閃避各種麻煩。漫畫《JoJo的奇妙冒險》裡名叫迪奧（Dio）的角色，也擁有類似的能力。他跟中村廣一樣，可藉由替身能力「世界」，趁時間靜止之際移動攻擊對手。

本章就試著從科學角度考察一下，時間停止的空間是什麼樣的狀況吧。

不消說，我當然沒辦法闡明這項能力的機制，但既然當事人可以正常行動，看樣子並不是變更了重力或其他的力。這類作品常看得到，原本浮在空中的東西就這樣靜止不動的表現方式。這種表現手法也不是不能使用，只是我很納悶，究竟是什麼樣的機制，能使物體在受到重力作用的空間裡，保持靜止而不會落下。既然有重力，力又向下作用在物體上，如果要讓物體浮起來，就必須給所有物體施加向上的力，否則很難持續浮著吧。

若問在物理上是否有辦法停止時間，答案當然是沒辦法。這是因為，絕對靜止的狀態本來就不存在。以量子尺度來看，原子與分子一直都在不斷地振動。就算到達絕對零度，也就是零下273度，所有的物質都凍結了，在量子力學上，這也不算是靜止狀態。因此，「停止時間

＝一切完全靜止」之狀態是無法實現的。

再者，如果完美實現停止自己以外的一切現象，應該會連光都無法傳遞才對。也就是說，此時眼前會是一片漆黑，或是處於站在黑暗中的狀態。無論何者，都可以說是很難自由行動的狀況。

## 雖然能實現類似時間停止的狀態……

我們稍微換個角度來想，假如不是完全靜止，其實只是動得非常緩慢呢？這樣的話，從相對論的角度來看就有可能實現。日劇《超能力事件簿（*SPEC*）》裡，有位少年具備近似時間停止的能力，他也曾以相對論的觀點解釋自己的能力。這位少年表示，自己能以超快的速度行動，因此他的時間流速與周遭的時間流速有很大的差異。但是這種情況，最大的問題就在於兩者是相對的。

如果自己以接近光速的速度移動，周遭物體的運動看起來全都會變得很緩慢。不過，此時的時間流逝其實也有相對的差異，而這就是相對論的結論。換言之，從周遭人的角度來看，這個以光速移動的人物時間過得很緩慢。不過，要觀察以光速移動的人是不可能的，若想「看到」時間緩慢流逝的現象，就必須準備可以清楚比較的兩個時鐘。而且，觀察時必須將這兩個時鐘緊密排好，在空間裡的同一個點上進行比較，所以要注意，前述的「看得到」跟用文字簡單描述的、「人類肉眼可見」的「看得到」有很大的不同。

雖然在科幻作品的設定中，必定只有這名能力者是絕對的時間支配者，但以相對論來說，這名能力者以外的周遭人，只是處於看到能力者做出奇怪舉動的狀態。不消說，既然作品的設定就是能以光速移動，無論從哪個角度討論都會在瞬間變得沒什麼意義，但不管怎樣結論就是會變成上述那樣的情況。

順帶一提，除了以光速移動外，前往黑洞附近也是一種方法。在這裡的話，時間變慢的效果跟以光速行動一樣會增強。

理論上，在黑洞的事件視界（event horizon），也就是連光都跑不出來的區域，時間會減緩到不再流動，看起來就像時間真的停止了。這是從距離黑洞十分遙遠的觀測者角度看到的情況，反觀待在黑洞附近的當事人，則完全不會感知到時間的遲緩。舉例來說，假設有個衝進黑洞的人，一直揮手向其他人道別。看在遠方的人眼裡，這個揮手的動作會逐漸變慢，最後在他到達視界時停止。但是，當事人不會感到任何變化，只是一直揮著手而已。

## 物理學家在意的地方

如同前述，若利用光速移動或重力來重現類似時間停止的狀態，科幻與現實的最大差別，就是前者認為周遭是靜止不動的，但在現實中是周遭正常地觀察能力者或位在黑洞附近的人。換言之，從周遭的角度來看，搞不好反而是他們看起來像靜止不動。請各位回想一下前述黑洞周圍的時間停止現象。看在黑洞附近的人眼裡，遠方的人看起來是靜止不動的，反之看在遠方的人眼裡，黑洞附近的人看起來是靜止不動的，雙方呈現這樣的相對關係。因此，如果在這個看似停止的時間內隨意移動，下個瞬間就被車撞上也是十分有可能發生的事。看起來是停止的，與實際上是停止的，兩者是完全不同的狀況。前者極有可能誤判周遭的情況，所以容易發生意外。總而言之最好別過度相信自己的能力。

除此之外，科幻作品裡還看得到擊出的子彈停在空中的場景，如果這也是相對論的「只是表面上看起來靜止不動」狀態，一樣是非常危險的行為呢。因為此時是處於，實際上子彈正急速飛過來，卻誤以為靜止不動的狀態。即便這是虛構的作品，而自己以外的一切確實完全停止，這裡又會再冒出前述「為什麼能繼續浮在空中」這個問題。另外，有些科幻作品裡看得到，改變子彈軌跡，並且輕碰子彈，持續增加動量讓子彈加速的描寫。如果是在靜止狀態下累積動量，正常來說第一次碰到停在空中的子彈時，子彈應該就會貫穿自己的手才對。因為子彈理應已具有相當大的動量，用手去碰是很危險的行為。

另外，「停止時間＝靜止在空中」雖然容易想像那個畫面，但從力學角度說明的話，這種現象必須改變力的作用本身才有可能實現。舉例來說，起飛後的飛機，在時間靜止的世界裡還能浮在空中嗎？讓機體浮起的升力，是流過機翼上方與下方的空氣速度差造成的，如果要在靜止狀態下保持浮起，則需要其他的浮力機制。不過，若要點出這些細節問題可是會沒完沒了的，總之以上就是看到這類能力時，令我有點在意的地方。

## 霍金博士的時間旅人實驗

前面帶大家看了各式各樣的時間旅行，我想在時間篇的最後，介紹一位曾在現實中針對時間旅行進行嘗試性實驗的學者。

這位已故的學者，就是英國的史蒂芬・霍金（Stephen Hawking）博士。我在他位於劍橋大學的研究室待了三年左右，因此他也是我很熟悉的人物。

霍金博士為了確認時間旅人是否存在，於是規劃了一場與眾不同的派對：先舉辦派對，等到結束後才公布邀請函。也就是說，他規劃了一場只有自己知道的祕密派對，派對結束之後再向大眾公布邀請函內容，好讓時間旅人得知這件事。實在是很奇特的點子呢。

結果當然是沒人來赴約。而且，這場派對結束後要對外公布邀請函時，由於當事人已經知道實驗失敗了，做這件事時應該會覺得很空虛才對。雖然這項實驗最後成了一場只有一個人參加的派對，不過我們來做個想像實驗，試想一下如果有人來赴約結果會怎麼樣。

首先，假設情況跟霍金博士設想的一樣，在未來看到這張邀請函的時間旅人，回到了過去出現在派對會場上。但是，這個時候霍金博士並無法辨別，對方真的是時間旅人，抑或只是恰巧被食物香味吸引而擅自跑進來的現代可疑人士。因此，這時可以試試如下的方法：先拜託那個人「可以把你看到且還記得的邀請函內容，正確地寫在這張紙上，然後放進信封裡嗎？」做完這件事後就與他聊天、吃吃喝喝，正常地結束派對。

之後，自己寫下邀請函並公布內容。如果這時，信封裡那張紙所寫的內容跟邀請函一樣，才可以判定他真的是時間旅人。真是令人期待的一刻呢。不過，我又突然想到了另一個選項。

假如在結束兩人的派對後，霍金博士改變心意不公布邀請函，信封裡那張紙的內容會產生變化嗎？這誠然就是量子力學的「薛丁格的貓」狀態。既然不公布邀請函，從信封裡拿出來的會是一張白紙嗎？如果是白紙，出現在派對上的那個人，真的就只是一名可疑人士嗎？

就某個意思而言，這似乎也能延伸為「霍金博士在未來能採取的行動具有自由意志嗎？」這個問題。舉例來說，假設霍金博士作弊，在公布邀請函前打開信封查看內容。然後，寫出完全不同的內容，再公布邀請函。如果是這種情況，信封裡那張紙的內容會產生變化嗎？我仍舊覺得現實中不會發生，內容會自動變更這種很科幻的情況。即便內容改變了，依然可以確定那個人是在未來獲得某種資訊才來造訪的時間旅人。但這樣一來，就留下了「內容不同」這個不可思議的矛盾。他是來自另一個未來嗎？他是未來遭到變更的證據嗎？疑問一個接著一個冒出來。如此一想，這樣的解釋似乎比較妥當：當時間旅人出現，在紙上寫出邀請函內容並放入信封裡的那一刻，霍金博士的未來也已決定了。假使霍金博士事先偷看信封裡的那張紙，試圖變更邀請函的內容，最後也有可能會採取命中注定的行動，亦即基於不明原因只能照著那張紙的內容寫邀請函並昭告天下。

假如當時有人來參加派對，這場實驗應該會如此好玩又有趣吧，實在很令人惋惜呢。

第 2 部

# 關於「宇宙」

太空人實際降落在火星上的那一天會到來嗎？

撇開地球不算，有史以來地球人登陸過的天體就只有月球而已。從風險與成本層面來看，如果目的只是要調查，或許不見得一定要人親臨現場。實際上，無人探測車好奇號（Curiosity）已在火星調查了八年多，並且發現了地下水與有機體等資源，改寫了我們原有的火星常識。另外，2021年2月登陸火星的新探測車毅力號（Perseverance）還搭載了小型直升機，計畫從空中進行探測。也許不久的將來，我們可以讓好幾臺無人機之類的機器在火星上飛行，有效率地調查整顆行星。

不過，若要以移居為前提調查對人體的影響，還是得讓人類降落在當地才行吧。更重要的是，人類踏上新天體一事應該會帶給我們極大的震撼力。想必也有不少人曾對太空旅行懷抱著夢想吧。

因此第2部以太空環境為主題，介紹以移居其他行星、星際飛行、與外星人交流等為題材的科幻作品。請各位也要透過科幻作品，關注現實中仍充滿謎團的宇宙。

第6章

# 被拋到太空時最後的移動手段

## 《地心引力》

《地心引力》
3D＋2D藍光雙碟版
建議售價：NT1,180元
圖像提供：得利影視

### 如何在太空中生活？

以太空環境為主題的科幻作品也多不勝數。這個主題跟前述的時間旅行等仍建立在虛構科學上的世界觀不同，當中也有不少作品是參考太空人的親身經歷，或是技術人員的辛勞等真實故事吧。接下來就為大家介紹，這種更有現實感、以太空環境為主題的科幻作品，希望能幫助各位想像有朝一日我們真的生活在太空裡的情形。尤其，在異於地球的大氣環境或重力環境下，要如何移動、如何生存等，這些都是宇宙篇特別想討論的主題。

舉例來說，電影《地心引力（*Gravity*）》描寫的是，主角在國際太空站進行艙外活動時，遭到太空垃圾（飄浮在太空裡的各種無用人造物）撞擊而引發的一場生死攸關的意外。畢竟宇宙實在浩瀚無垠，這裡就讓我們先從地球附近的太空開始，列舉幾部前往太陽系其他行星的電影為例做個整理吧。

地球附近：《地心引力》
月球　　：《登月先鋒》
火星　　：《絕地救援》
海王星　：《星際救援》

最後的《星際救援（*Ad Astra*）》，是2019年上映的電影，由布萊德・彼特（Brad Pitt）主演。故事講述主角前往海王星的附近，試圖尋找失蹤多年的父親。海王星與地球的距離，大約是太陽與地球距離的30倍，在太陽系裡是位置相當遙遠的行星。不過，由於電影裡主角並未降落在海王星上，這裡就只簡單提一下。至於前三部電影的詳細介紹，我們就先從《地心引力》看起吧。

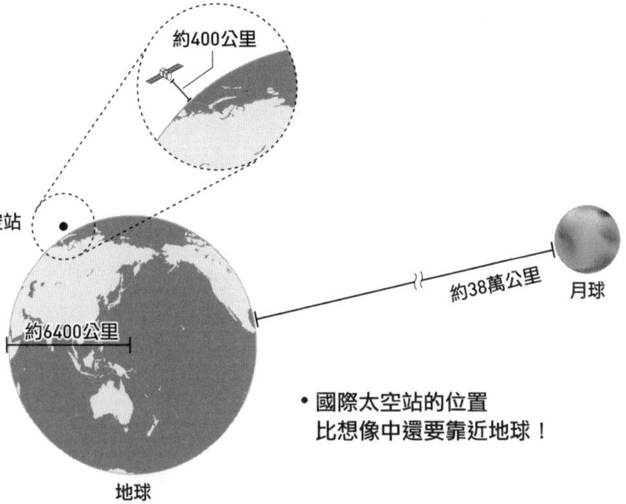


※國際太空站的大小及地球與月球的距離使用不同的比例尺。

圖表6-1　國際太空站與地球的距離

## 國際太空站處於無重力狀態嗎？

首先，說到宇宙或太空，最先想到的應該就是無重力狀態吧？相信大家都曾在電視之類的地方看過，國際太空站（ＩＳＳ）的太空人飄浮在空間裡的畫面。在《地心引力》裡，主角萊恩・史東（Ryan Stone）博士迷失在太空中，好不容易才死裡逃生抵達國際太空站，當時她在太空船內移動的樣子也很像在空中游泳。

但是，若問國際太空站是否處於「無重力」狀態，其實也不能這麼說。我們當然可以認為國際太空站位於跟地表不同的太空裡，不過更正確地說，它在太空中的位置其實距離行星非常近。國際太空站位在距離地表４００公里的上空，如果計算這裡的重力，其實大約是地表的88％。也就是說，單看重力的話，這裡的重力只比地表少一成左右。請各位試想一下，地球的半徑大約是6400公里，如果按照比例尺畫出地球與國際太空站的位置（圖表6-1），應該就會明白兩者的距離非常近。順帶一提，飛機一般都是飛在距離地表約10公里的高空，國際太空站的高度則是前者的40倍左右。

那麼，為什麼國際太空站會處於無重力狀態呢？這是因為離心力很強大。

離心力是指，當你站在公車或電車內，車子過彎時將身體拉向彎道外側的力。乘坐旋轉的載具時也一定會產生離心力，旋轉速度越快，將人拉向外側的力就越強。至於國際太空站，雖然重力跟地表差不多，移動速度卻異常地快。速度大約是每秒8公里，快到一天可繞行地球16圈。由於繞行地球一圈只要90分鐘，如果能當作交通工具使用會很方便呢。可持續繞行地球而不墜落所需要的速度，稱為第一宇宙速度（first cosmic velocity）。

跟著國際太空站一起移動的人，會因為這種繞行地球的圓周運動，受到將人拉離地球的強大離心力，所以才會處於無重力狀態。

那麼，這股離心力有多強呢？大約是地表的250倍。

平常我們生活時，也會因為地球自轉的關係，受到些許離心力的作用。這就是使我們離開地面的向上的力。力的大小當然也因緯度而異，離心力最強的地方就在赤道上。不過，這裡的離心力也只有0.0034G，大約是地球重力（1G）的290分之1。跟在日本秤得的體重相比，在赤道上體重會變得輕一點，但這個力小到幾乎可以忽視的程度。反觀國際太空站，其離心力達到0．87G，這個狀態就相當於待在一直急速過彎的公車裡。由於這是向外的力，它與向內的0．88G重力互相抵銷，導致重力只剩地球的萬分之一至百萬分之一左右，所以才會處於接近無重力的狀態。

「太空站無重力」這句話，若經過詳細解說，背後其實存在著如此深奧的原理。如果單看太空人飄浮在太空站內平心靜氣地說話的影像，完全想像不到那是個繞行地球一圈只要90分鐘、速度快得驚人的載具。

假如在赤道上感受這股離心力，所有的物體都會從地表甩到大氣層吧。相對於國際太空站本身的速度，物體能夠脫離地球重力圈的速度，也就是所謂的第二宇宙速度（second cosmic velocity）為每秒11公里，因此只要秒速再增加3公里左右，國際太空站本身就會脫離地球。順帶一提，決定地球「1天＝24個小時」的是自轉速度，而速度為每秒380公尺，所以各位應該能夠想像國際太空站是以多快的速度在旋轉。

## 地表的0．0000001%

上述的說明，是不是跟「平靜地飄浮在無重力空間的國際太空站」這種印象大相逕庭呢？

實際上，國際太空站是藉由飛速旋轉，把跟地表差不多的重力空間，變成無重力空間。

反觀「太空＝真空」這個印象，則可說是正確的。在飛機飛行的10公里高空，大氣是地表氣壓的四分之一至五分之一左右，至於太空站飄浮的地方，更是只有10的負10次方倍。由於大氣只有地表的0．00000001%，這個地方要說是真空也沒錯。不消說，太空船內的氧與氮等氣體當然是維持接近地表的大氣水準。在太空中活動，大氣可說是最重要的問題。各位最好要有這種觀念：如果沒有太空衣，無論在何種太空環境下都沒辦法生存。

我們來想一想移居到其他行星的情況吧。假設很幸運地，這顆行星有充足的大氣。但是，大氣成分跟地球一樣的可能性微乎其微。正因為地球的氮與氧比例是四比一，我們生活時才不必戴著呼吸面罩，但只要成分比例有一點不同大概就沒辦法活下去了。舉例來說，我們平常都生活在濃度21%的氧氣當中，只要濃度略微下降到18%以下，就會引起頭痛或噁心想吐等症狀。另外，氧氣濃度過高也不行，在醫療現場若要給予病患濃度50%的氧氣，最多也不能超過48個小時。

切記，就像面臨新冠病毒疫情的現在一樣，呼吸面罩在太空裡同樣是必不可缺的東西。關於這點，我打算之後介紹以造訪地球的外星人為題材的科幻作品時再來詳細談談。

## 想得救，就把身上的東西丟掉

關於《地心引力》這部片，我想再跟各位解說一下在太空裡移動的方式。

在電影的開頭，史東博士與其他技術人員穿著太空衣，離開太空梭到外面活動。剛才提到，地球附近的太空重力跟地球差不多，不過在這種太空環境下從事艙外活動時，博士他們也會與太空梭一起高速繞著地球轉動，因此實際上這裡可以視為無重力的空間吧。令人好奇的是，在無重力空間裡要如何移動。如果是在地表上，只要踩踏地面就能前進，但在接觸不到任何東西的空間裡是很難移動的。

在《地心引力》裡，太空人是利用太空衣裡的小型氣體噴射器來移動。這應該可以說是最合理的移動方式。實際上，日本的小行星探測器「隼鳥號」也是利用氣體噴射器來移動，只是詳細的構造不同。早期的太空任務，似乎也曾實驗性地使用這種噴射移動裝置（不過，就算能夠微調，這種移動方式就好比清潔高樓大廈的窗戶卻沒繫安全繩索，因此現在出於安全考量，從事艙外活動時基本上必須繫著連接太空船的安全繩索）。

那麼，如果像電影一樣遇到麻煩，獨自被拋到外太空時該怎麼辦才好呢？接下來我們就來想一想，在更嚴苛的狀況下移動的方法吧。

掉在地上的球會自然而然停止不動，是因為受到來自地面的摩擦力與空氣阻力。不過，太空處於真空狀態，因此幾乎沒有空氣阻力這類阻礙運動的力。太空裡的運動，基本上一旦旋轉就會永遠旋轉下去。橫向移動也是如此，只要靠一點力獲得移動的速度，之後什麼都不必做就會一直前進。

也就是說，只要能獲得一開始的初速度，要移動就不難了。不過，要停在目的位置上卻是一件充滿危險的事。因為在太空裡一旦偏離正確位置，就會演變成生死攸關的事故。

那麼，這裡就單純假設，我們要在無重力的真空空間裡往右移動。在這種情況下，即使像游泳那樣在真空之中划動雙手也沒有任何意義。那麼，該怎麼做才好呢？答案就是：把身上的東西丟到左邊。這樣一來，自己就會往右邊移動。

用物理的用語來說，這是遵守動量守恆定律的運動。

所謂的動量守恆定律，就是當兩個物體碰撞時，碰撞前後的速度變化（正確來說是速度×質量＝動量）相同。也就是說，因為A施加在B上的力，與B從A受到的力，遵守作用與反作用定律，故兩者的速度變化相同。如果不是碰撞，而是一個物體分裂，若原本的速度為零，分開後的兩個物體會往彼此的反方向離去，而移動＋反方向移動＝0。

對這類定律而言，太空是比地表更理想的環境，所以在太空裡會看到與我們的日常生活不同的奇特運動。在太空裡，我們既無法藉由踩踏地面來移動，也因為沒有大氣，就算雙手像游泳那樣划動也不會前進。但是，只要利用「右向移動＋反方向移動＝0」這點，往反方向丟東西，就能成功讓自己移動到想前進的方向。這裡是以動量這個單位來思考的，因此「質量×速度」就顯得很重要。也就是說，如果想移動得更快一點，就要丟質量較大的東西，丟東西的速度也要加快。請務必記住這個教訓：「在太空裡若要自力救濟，就把身上的東西丟掉」。

## 如果在太空中玩指尖陀螺……

同樣地，旋轉運動也有角動量守恆定律。關於這項定律，有位太空人上傳了一段非常有趣的實驗影片，請搜尋「太空人 指尖陀螺」找來看看。在地球上玩指尖陀螺的話只會很普通地旋轉，但在太空裡玩指尖陀螺，竟然連玩的那個人都會旋轉起來。由於畫面實在很滑稽有趣，推薦大家自行觀看這段影片。這種現象也是拜讓整個旋轉運動保持不變的定律所賜。

那麼，為什麼在地球上不會發生這種現象呢？以下就反過來思考這個問題吧。

不消說，這個保持旋轉運動的定律在地球上同樣是成立的。不過，地球上有東西會妨礙這種運動：一個是地球的重力，另一個則是與地面的摩擦。跟指尖陀螺相比，我們的身體質量更大，受到更強的重力拉扯。此外，只要接觸到地面，身體就會因為摩擦而停止旋轉。換言之，我們的身體一直處於受到極大阻礙的狀態。假如能夠在地球上，以猶如無重力那般讓身體浮起來的狀態玩指尖陀螺，就會跟國際太空站的太空人一樣，連自己的身體也跟著旋轉起來。

此外，如果在國際太空站的外面做同樣的事，因為這次還少了大氣的摩擦，於是會陷入永遠旋轉下去的狀態。本來，這種運動才是自然界的正常行為。但是，因為我們習慣了在地球這個特殊環境下的日常生活，才會反倒覺得持續旋轉這種正常的運動現象很奇怪。對於尚在實驗階段，沒體驗過「在太空裡旋轉運動不會停止」這項事實的太空人們而言，這種現象應該令他們無比恐懼吧。這是怎麼回事呢？我會在接下來的第7章《登月先鋒》為大家詳細介紹。

第7章

# 用「任天堂紅白機」達成的登月任務

《登月先鋒》

## 成為太空人

接下來，我們以電影《登月先鋒（*First Man*）》為題材，想像實際從地球出發登陸月球表面這件事吧。這部電影與其說是科幻片，更像是講述尼爾·阿姆斯壯（Neil Armstrong）指揮官人生的非虛構作品。順帶一提，截至目前為止降落在月球表面的地球人共有十二人，而且全是美國人。不過，將日本人送上月球的計畫，目前似乎也相當具體地進行當中，或許不久的將來就能聽到令人開心的消息。

電影的主角是在1969年達成登月目標的第一個地球人——阿波羅十一號的指揮官阿姆斯壯，故事從他決定報考太空人的1961年說起。他在女兒因腦幹癌病逝後，懷著悲痛的心情參加太空人選拔考試的模樣令人印象深刻。順帶一提，我也曾報名參加2008年的日本太空人選拔考試。因為其中一項報名資格是「具備博士學位」，當時剛拿到博士學位的我有幸獲得報考機會。但不消說，我在第二階段的考試就被刷下來了，最後獲選的是油井龜美也、大西卓哉、金井宣茂這三位。聽說最後階段的考試中，有項測驗是在模擬國際太空站的封閉空間裡待上一週。錄取為儲備太空人後，還要經過六到八年的訓練才能實際前往太空。這真的稱得上是，只有能代表地球人的精英才勝任得了的辛苦職業。

## 用任天堂紅白機前往太空?!

讓我們把話題拉回到電影的舞臺1960年代，當時美國提出載人太空飛行的構想，並討論該選擇什麼樣的人物，起初他們似乎也曾認真考慮過找高空鞦韆表演者。此外，在將人類送到太空之前，也曾先使用動物進行實驗，其中一例就是讓黑猩猩漢姆（Ham）搭乘太空船。當火箭加速到能夠脫離地球的速度時，太空船內部會受到非常大的負荷。原本預估會達到8G，但實際的負荷似乎多了一倍，據說漢姆生還後，因為承受很大的心理壓力，導致牠看到東西就亂咬。被迫進行這項實驗的黑猩猩實在很可憐。

漢姆的這趟飛行是在1961年1月底執行，沒想到短短兩個半月後，蘇聯的尤里・加加林（Yuri Gagarin）就成功脫離地球成為首個進入太空的人。「地球好藍啊」這句名言便是出自他之口。美國見到這令人震撼的成果後，便舉國與蘇聯展開太空競賽。

另外，若以現在的角度來看1960年代的技術，當時的水準低到讓人難以相信有辦法前往太空。正因為是在科學競爭下，由國家來挑戰這個目標，才有辦法以這樣的科學技術將人送上月球表面吧。當時的電腦，據說跟1980年代推出的任天堂紅白機一樣，CPU都只有8位元。請各位想像一下，一次只能執行2的8次方，即256個運算的電腦。現今的電腦與智慧型手機都是64位元，這樣一比相信各位應該就能明白當時的電腦性能有多麼低。不過，他們究竟想用這種低性能的機器計算什麼呢？主要是控制機體與計算軌道。就連外行人也知道，只靠不到300個運算來計算這些資料是相當魯莽的行為。這就好比是拿一臺跟只能操縱瑪利歐行動的紅白機差不多的機器，進行賭上人命的遊戲。

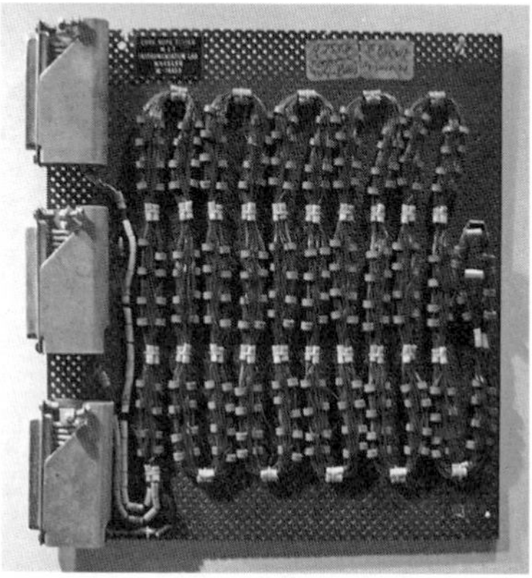

圖表7-1　磁芯–線圈記憶體

Nova13 / Ferrite core memory as used in the Apollo Guidance Computer (MIT sample for testing) / 2010 / CC BY-SA 3.0 (https://commons.wikimedia.org/wiki/File:Apollo_guidiance_computer_ferrit_core_memory.jpg) via Wikimedia Commons

我們也來看看，儲存控制阿波羅號、計算軌道的電腦程式所用的記憶體吧。這個東西相當於現在所說的硬體ROM（唯讀記憶體）。當時稱為磁芯－線圈記憶體（core-rope memory），是以數條電線複雜地纏繞在狀如串珠的磁芯上（圖表7-1）。據說當時是僱用大批年長女性，猶如刺繡一般進行穿引電線的作業，而從事此細活的女工則總稱為「小老太太們（Little Old Ladies）」。從現在的角度來看，會很訝異「硬體居然是手工製作的?!」可見當時的技術與現在差距有多大。

## 分離燃料箱的原因

電影《登月先鋒》裡，出現了幾次從地球飛向太空的場景。尤其在載人太空飛行尚未實現的狀況下，挑戰這項任務的太空人身影更是令人印象深刻。電影藉由呈現太空船內部緊迫氣氛的拍攝手法，讓觀眾也能從畫面感受到他們奮不顧身的決心與不安。

這裡先來談談，太空火箭究竟是如何脫離地球的重力圈。動畫之類的作品經常看得到，某角色放了一個大屁而飛上太空的場景。其實現實世界也是如此，若要獲得一定的脫離速度，藉由噴射氣體來加速的推進力是很重要的。

不過，要脫離地球還有一項更重要的必要條件，就是捨棄大部分的質量。這點與前面提到的動量守恆定律有關。雖然地球並非處於無重力狀態，不過這種時候也能藉由將大質量丟到行進方向的另一邊，來獲得更大的推進力。因此，再怎麼用有效率的燃料如放屁一般噴出氣體，單靠這種方式仍舊無法脫離重力圈。

載具燃料所占的質量比稱為燃料比，而火箭的燃料比一定要非常高才行。客機的燃料比大約低於50%，船是20%，汽車是5%，柴油引擎車更是只有百分之幾。相對之下，太空火箭的燃料比超過80%。這是因為若要脫離地球的重力圈，燃燒燃料捨棄大部分的火箭質量是很重要的一點。另外，在發射火箭的影像中，看得到燃料燒完後，分離並捨棄燃料箱的描寫，這同樣是藉由將質量往後丟來獲得推進力。

如此一想，相信各位應該就會明白，如果是在重力比地球小的月球或火星，要離開該星球返回地球時便不需要太大的推進力。反之，如果目的行星，估計跟地球一樣大或者更大，就需要先將返航用的燃料艇送到目的行星吧。只是因為附近的天體湊巧比地球小，才不需要擔心這方面的問題。切記，從燃料運輸的觀點來看，要登陸比地球大的行星其實是更加困難的。

## 太空會合的優點

月球距離地球約38萬公里。若要將人類送上這顆天體，首先要討論的就是，要用什麼方法降落在月球表面，然後再回到地球。簡單來說，就是讓載具登陸月球，再起飛返回地球，但以燃料的觀點來看這是難度相當高的計畫。於是，他們想出了繞月軌道會合方式（lunar orbit rendezvous）。這個方式就是將太空載具分成在繞月軌道上待命的母船，與降落在月球表面的登月小艇，然後讓兩者在太空中對接。

雖然月球的重力比地球小，但若要連同母船一起登陸，然後再度脫離月球的重力圈，仍舊需要相當龐大的燃料。採用太空會合方式的話，只要靠一艘輕巧的登月小艇在月球著陸與起飛即可，因此可以節省燃料。此外，在繞月軌道上待命的母船能夠維持速度，因此不需要從頭加速，可輕易脫離月球的重力圈。

實際上，1969年執行阿波羅十一號任務時，三名組員當中，踏上月球表面的只有指揮官阿姆斯壯與伯茲．艾德林（Buzz Aldrin）兩人，至於麥可．柯林斯（Michael Collins）則在繞月軌道上待命。認識柯林斯的人可能會不滿地表示「也讓他降落在月球上嘛！」但太空會合方式就是這樣的計畫。

## 最大的難關——對接

太空會合方式是讓母船與登月小艇在太空中對接，而這就是任務成功的一大關鍵。

要讓獲得推進力正在移動的兩個物體一口氣完成連結，是一件極為困難的事。因為只要雙方機體發生一點操作失誤，就很容易導致相撞這種重大事故。關於這點，電影《星際效應

（*Interstellar*）》就出現過，為了脫離某顆行星而匆忙對接，結果發生慘劇的橋段。假如只看成功的畫面，會覺得好像沒什麼難度，但看到《星際效應》這一幕或許就能實際感受到，只要弄錯一步，就會在一瞬間發生重大事故的危險性。電影是以太空人的視角來描寫這一幕，在一片寂靜之中發生大爆炸的畫面真是震撼人心。我認為這個場景，成功表現出在安靜時刻突然襲來的恐懼。

讓我們回到正題上吧。１９６６年，美國雙子星計畫的雙子星八號，首次成功在太空中完成對接。其中一方是無人機愛琴娜（Agena），另一方則載著阿姆斯壯與副駕駛員大衛・史考特（David Scott）。之前在太空技術上都是蘇聯領先，這是美國頭一次超越蘇聯的歷史性一刻。

不過，對兩名組員而言，這一刻卻也讓他們體驗到前所未有的恐懼。

當時的系統，尚無法在飛行期間持續與指揮中心保持聯繫。正當通訊中斷時，太空船竟發生了意想不到的激烈旋轉運動。前面也曾提到，在太空裡一旦開始旋轉就不會自然停止。電影忠實呈現出，激烈旋轉完全停不下來的恐懼，以及幾乎令人昏過去的嚴酷狀況。建議各位一定要親自看看電影是如何呈現緊迫的船內情況，想像自己若是被迫面臨這種狀況會怎麼樣。模擬體驗未知的恐懼，以及進行左右生死的操作時的緊張感，便能體會到太空人真的是賭上性命的工作。

## 從雙子星到阿波羅

所幸兩人最後平安無事地克服這個意外，雙子星計畫也成功落幕。

到了1967年，阿波羅計畫終於正式展開。但是，計畫才剛開始就發生悲慘的事故：阿波羅一號的三名組員因艙內失火而全數死亡。為了前往太空，究竟要犧牲多少人呢？社會也對國家將經費花在登月計畫一事掀起批判聲浪。從電影的描寫可以看出，來自貧困階層的批判尤其激烈。

在這樣的社會情勢下，阿波羅八號於1968年成功載人繞著月球飛行。之後，阿姆斯壯被任命為阿波羅十一號的指揮官。

阿波羅十一號在1969年7月自地球啟程。順利脫離地球軌道後，組員們的工作暫時告一段落。電影裡有一幕是描寫組員們在太空船內聽歌的情形，令人印象深刻的是，當時使用的還是卡式錄音帶。順帶一提，前往月球的飛行路徑跟阿波羅八號一樣，都是採8字形方式。阿波羅八號的任務標誌就是源自於此，畫一個大大的數字8，代表連接地球與月球的軌道以及任務名稱。

飛向月球的期間，太空船鮮少藉由噴射氣體來獲得推進力。因為在太空裡，只要能產生一開始的初速度，即可單靠慣性持續飛行來節省能源。發射後太空船大約花了三天進入月球軌道，到了第四天終於要執行登陸任務。柯林斯駕駛哥倫比亞號於繞月軌道上待命，登月小艇老鷹號（Eagle）則與前者分離，往月球表面降落。這是1969年7月20日晚上發生的事。停留在月球表面的時間只有短短的兩個半小時，登陸的地點則是稱為「寧靜海（Mare Tranquillitatis）」的地方，位置正好相當於月兔的臉部。指揮官阿姆斯壯先走出來，十九分鐘後艾德林也站上月球表面。這歷史性的一刻與那句名言，透過轉播放送到全世界。

坊間有傳言認為，當年人類登陸月球這件事其實是場騙局。質疑的根據之一就是，登陸影像裡的美國國旗在無風也無大氣的月球上飄動，這點很奇怪。但是，就算沒風，在太空裡只要有了速度就會停不下來，這樣一想，國旗看起來像在飄動也是很自然的現象。再者，只要看了之後的載人登月成功案例，就沒有理由質疑了。

## 從月球看到的夜空與太陽

在《登月先鋒》這章的最後，我想跟各位談談幾個有關月球的常見問題。

首先，月球表面的重力比地球小，大約只有六分之一，行走在月球表面時是跳著前進。就連有重量的太空衣，穿的人應該也不會覺得重吧。如此一想，前往像月球這種比地球小的天體時，太空衣或許就不太會造成阻礙。不過，若是登陸在比地球大的行星上，太空衣本身的重量也會增加，光是要移動就很吃力吧。

另外，月球上當然也有日出，一天有晝夜之分。不過，月球的一天大約等於地球的三十天，因此白天與夜晚相當漫長，可能會讓人覺得不像是一天。至於夜空，在月球上看不到漂亮的星空。這是因為，地球永遠在天空的同一個位置上持續發亮。由於亮度十分強烈，月球才會處於看不見星星的狀態。此外，從地球的角度來看只看得到月球的同一面，但從月球的角度可看到地球的不同面。原因在於，地球的自轉速度，比月球的自轉速度快上許多。不知道在月球上，能不能以肉眼觀測到地球自轉呢？希望這能成為未來住在月球上的小學生的功課。不過，住在月球背面的人，則完全看不到地球。在月球的世界裡，能否看到地球取決於所在地區。由於著陸在月球背面的案例不多，目前我們對這個地方還不是很瞭解，不過既然看不見地球，到了夜晚應該就看得到星星吧。在地球上看月亮，我們都會用「看著同一片天空」來形容，但在月球上看到的卻不是同一片天空。順帶一提，在阿波羅號拍下的影像當中，可以看到地球從地平線升起的畫面，但在月球表面上絕對不會發生這種現象。只有從繞月軌道上的火箭往外看，才能欣賞到這幅「地出」景象。

這裡也來談談站在月球表面上，太陽看起來是什麼樣子吧。

月球沒有大氣，因此看到的太陽應該比在地球上看到的更小才對。這是因為地球有大氣，光線會搖動，導致太陽看起來很大。另外，從地球看到的太陽也跟本來的顏色不同。如果在太空裡看太陽，其中心是白色的強光，周圍則帶了點藍色。從月球表面看到的太陽，就接近這種模樣。我們平常會覺得太陽的顏色偏黃，只是因為陽光中的藍光被散射掉了，才會看到虛幻的黃色太陽。如果來到月球上，應該可以看到太陽的真實模樣，但因為強烈的X射線會直撲而來，完全不建議大家這麼做。在地球上，太陽給人的印象是守護我們的溫暖存在，但在月球表面，卻變成毫不留情攻擊我們的邪惡之物。

關於月球的資源，目前國際間正在討論該如何決定所有權。若以地球的土地所有權觀點來看，現階段登上月球表面的只有美國人，因此對美國比較有利吧。近年來，美國的私人太空企業越來越活躍。2021年7月，亞馬遜（Amazon.com）創辦人傑夫・貝佐斯（Jeff Bezos）實現民間太空旅行的新聞仍令人記憶猶新，據說他還向NASA（美國航太總署）提案要砸大錢投資登月艇，打算進軍月球。除此之外，中國同樣相當認真地計畫前進月球。月球是距離地球最近的天體，但目前仍有許多待解的謎團，堪稱是越來越讓人移不開目光的太空環境。

第8章

# 在火星上栽培植物的另一個理由

《絕地救援》

## 其他行星的曆法

接下來要介紹的是，飛向火星的電影《絕地救援（*The Martian*）》。

其實，距離地球最近的行星不是火星，而是金星。既然如此，為什麼大家只談論火星，前往金星這件事卻鮮少有人討論呢？原因在於，金星的環境宛如灼熱的地獄，無法作為移居星球。當然，我們早已向金星發射觀測衛星之類的人造物，但那裡絕對不是能進行載人飛行的地方。一般認為金星是地球未來的模樣，其大氣層非常濃厚，二氧化碳所占比例極高。堪稱是二氧化碳造成的暖化極致，地表無論晝夜都是超過400度的高溫。火山活動也很活躍，簡直就是存在於地上的地獄。

開頭有點離題了，讓我們把話題拉回到電影上吧。除了《絕地救援》外，以火星為主題的電影還有《魔鬼總動員（*Total Recall*）》。在這部電影裡，火星上已有人居住，而且還有誕生於火星的特殊人種，是科幻色彩濃厚的作品。至於《絕地救援》這個發生在火星上的故事，則有許多相當寫實的描寫。

原作是安迪・威爾（Andy Weir）的小說《火星任務（*The Martian*）》。電影由雷利・史考特（Ridley Scott）執導，麥特・戴蒙（Matt Damon）主演。故事很單純，就是幾個人前往火星執行載人探測任務，結果只有主角因遭遇突發事故而被獨留在火星上，一個人想辦法活下去。

在毫無說明的情況下，電影一開始就出現Sol這個單位。

這個單位稱為火星日，是指火星上的一天。火星的自轉速度跟地球不同，所以使用這個單位。火星日Sol並非二十四小時，它比地球日還要再長四十分鐘左右。這個單位源自拉丁語的太陽「Sol」，相當於英語的「Solar」。順帶一提，火星的一年，相當於地球的兩年兩個月左右，因此若以地球時間來算，在火星上出生的孩子兩年才過一次生日。

其實一天的長度跟地球不同的行星，距離太陽越近，曆法就越複雜。例如，水星跟地球相反，一天比一年還要長。相信各位會想問「這是怎麼回事？」以概念來說就是太陽一直不落下。水星的一年只有八十八天，但幾乎跟白晝的時間一樣長。到了明年，便是長達一年的黑夜。過了兩年後，太陽才終於在天空繞完一圈。雖說移居水星的可能性微乎其微，這裡請各位想像一下離開太陽系前往其他行星的情況。在以其他恆星為太陽的行星系裡，像水星那樣軌道接近恆星的行星，比較可能有水或海洋。這是指那顆恆星的溫度比太陽低的情況。如果是這種情況，以地球的軌道位置而言溫度會過低，於是水就會變成冰。因此我們也不能很肯定地斷言，絕不可能以水星這類位在太陽旁邊的行星為移居目標。如果要移居那樣的行星，曆法應該會變得非常複雜。

## 只靠靜態影像實現順暢的對話

再把話題拉回到被獨留在火星的主角身上吧。

地球上的人們原本以為，他已經死於那場事故了，但火星的衛星照片證明他還活著。他也拚了命地嘗試跟地球通訊。如果能像打電話那樣直接對話就好了，但在電影的設定中，別說是聲音，就連動態影像都無法傳送，頂多只能傳送靜態影像。

地球與火星之間的距離，連光都要跑三十多分鐘。因此通訊也會延遲，要等三十二分鐘才能送達。而且在電影裡，雖然火星這邊能夠傳送靜態影像給地球，卻完全接收不到來自地球的影像檔案等資訊，地球這邊頂多只能調整攝影機鏡頭的方向。因此，雙方起初是以「YES or NO」是非題來進行對話。也就是在地上豎著「YES」與「NO」兩種看板，把寫上問題的紙擺在鏡頭前面，大約三十分鐘後，攝影機鏡頭就會轉到答案的方向。真是一種相當令人心急的溝通方式。不過這下子，地球上的人們總算能夠得知，主角孤獨地在火星上求生的狀況，並且開始擬定各種對策。

後來，利用這種通訊方式進行對話的手法又進一步升級。他從原本的是非題，想到了使用十六進制的對話方式。也就是利用ＡＳＣＩＩ（美國標準資訊交換碼）來製作字卡。

如果是外行人，最先想到的應該是建立可傳送字母的系統。但是，英文字母有二十六個，如果藉由轉動攝影機鏡頭來回答（電影裡的攝影機鏡頭可三百六十度旋轉），就必須在圓周上每隔14度左右豎立一面看板，這樣一來字母的間隔會太窄，只靠攝影機轉動的話會難以辨識。因此，他才改採使用十六個字的十六進制來拼字。如此一來每隔22度豎立一面看板就好，這樣就能較為清楚分辨攝影機指的是哪個字。主角實在很聰明。對一名太空人而言，即使在這種意想不到的狀況下，也能冷靜地臨機應變的生存技能可說是非常重要的。

## 在火星上確實地保有氧氣

基本上，主角生活的地方，是建在火星上、類似實驗基地的居住艙內。

這是原本就建好的設施，所以主角才能夠生存下來。單靠太空衣的話，鐵定活不過一天吧。但是，食物與水都很有限，不難想見這樣下去遲早會餓死。

這個問題，可說是在此生存的最大難關。

因此，他嘗試栽種馬鈴薯。由於主角是一名植物學家，這種時候就顯得非常可靠。他把帶來的馬鈴薯埋進土裡，試著栽培看看。基本上火星的土壤含有大量的鐵，並不適合栽種植物。於是，主角決定把組員們留下的有機廢棄物，也就是糞便當作肥料使用。

這裡有個大問題：要如何取得栽種馬鈴薯所需的大量水分？

由於飲用水有限，將水浪費在栽種上是要命的行為。於是他嘗試使用火箭的燃料來合成水。也就是先從作為燃料的聯氨（hydrazine）分離出氮與氫，而氫與氧燃燒後，原理上會轉變成水。但是，氫是可燃性極高的氣體，電影裡主角也曾失敗過一次引發大爆炸。不過，他並未氣餒，再次挑戰後總算成功產生水，得以在火星上打造馬鈴薯田。當然不是種在外面，而是種在居住艙裡。超過一半的生活環境變成了馬鈴薯田。

即使事先設想到上述種種情況，這種生存手法普通人多半做不到吧。不過，雖說是虛構作品，片中的各個場景卻都散發著真有可能發生的真實感。電影沒什麼悲壯感，看到主角努力過著孤獨但充實的火星生活，他的堅強反倒令人印象深刻。

這裡就來實際想一想，「在火星上生活」這件事吧。現實中我們應該只能如電影演的那樣，生活在蓋好的居住艙內吧。由於目前已證實火星地下存在著水冰，說不定可以使用某種大型裝置將水取出來。但是，火星幾乎沒有大氣，對火星生活而言這是最致命的一點。居住艙內部，必須事先輸送及確保生活所需的氧氣與氮氣才行。如果當地無法供應空氣，我們遲早會因為空氣用盡而死。

因此，有人提議設法讓植物在火星上生存，看看能不能藉此生成大氣，即使範圍不大也沒關係。就算只有氧氣也好，假如能透過這種方式在當地生產氣體，情況就會有很大的不同。事實上，NASA正打算在火星上進行栽培植物的實驗。因為大氣能否靠當地供應，取決於植物能否在此生存，這是比食物還重要的問題。此外也有研究者強烈主張，栽種植物之前，先將可在極限狀態下生存的微生物送過去改變火星的環境。總之這個大氣問題仍處於構想階段，有一大堆待解決的課題。

## 要選擇移動，還是暖氣？

主角一面等待地球的救援，一面摸索自行脫離火星的方法，最後考慮使用從前降落在火星上的太空船。

他所在的地方，稱為阿西達利亞平原（Acidalia Planitia），距離那艘太空船所在的位置相當遠。這個平原是實際存在的地名，位於火星北緯46度，以地球來說相當於日本北海道的正上方。這裡是1997年火星探測器拓荒者號（Mars Pathfinder）降落的地點。另外，火星上著名的人面石也位在這個地方。

如果要在火星上移動，這裡有車可當交通工具，但燃料的補給是個問題。畢竟本來就沒想到會進行長距離移動，車子開到半路燃料就會用盡。片中的車子一天只能跑35公里左右，主角便想方設法增加燃料，讓車子能夠行駛很長一段距離。

另外還有一個問題是，夜晚的溫度是負100度，沒有暖氣根本耐不住這樣的低溫，只消一晚人就會完全凍結而死。可是，如果將燃料用在暖氣上，能夠行駛的距離就會縮短。最後他採取的方法是：將核燃料放在後面維持溫度。雖然不能自行開啟與關閉，不過這樣一來晚上就不必擔心會凍死。調整核燃料讓它能夠維持適中的溫度這個部分，我覺得科幻色彩有點濃。而且主角一直處於輻射被曝狀態，這點比較讓人擔心。

## 如何製造人工重力？

話說回來，這個時候，離開火星的其他組員怎麼樣了呢？他們已在返回地球的路上。從地球出發的話，要花多少時間才能抵達火星呢？根據片中角色的說法，大概要花十個月。實際前往火星的飛行時間，似乎會視太空船在什麼時候出發、航行在什麼樣的軌道上，而有相當大的差距。火星與地球的距離大約是8000萬公里，不過最靠近的時候與離得最遠的時候，兩者的距離相差甚多。這個差距最多可達3500萬公里左右。

組員們搭乘的太空船叫做賀密斯號（Hermes）。從太空船的某一幕可以看到，船內似乎有重力。這應該是長期待在太空船時需要的、靠離心力技術製造的人工重力。請各位想像一下，陀螺的中心軸與周圍旋轉的部分。只要乘坐在旋轉的部分，就能得到適中的離心力，因此可在太空船內重現虛擬的重力。這種太空船的設計，現實中遲早會需要吧？

那麼，如果要讓重力跟地球一樣，旋轉速度需要多快呢？假如是直徑100公尺的旋轉體，則旋轉一次需要14秒。實際上，JAXA（日本航太研發機構）的太空站實驗艙「希望」，就是利用旋轉的方式給細胞培養裝置製造人工重力。這個裝置的直徑為35公分，因此大約只要1秒轉一次就能重現跟地球差不多的人工重力。

## 為拯救被獨留下來的男人所擬定的計畫

前面的內容，焦點都放在獨留火星的主角與搭乘太空船的組員們身上。那麼，地球這邊想出了什麼樣的救援辦法呢？

首先，他們計畫將載著食物的補給艇發射到火星。但是，為了縮短抵達火星所花的天數，他們在製作火箭的最後階段省略大部分的審查流程，導致補給艇發射失敗。於是他們趕緊變更計畫，改讓組員們搭乘的賀密斯號繞行地球補給食物，然後再前往火星。也就是說，不讓組員們返回地球，將任務延長五百天。最後，這艘太空船再一次回到火星，去接獨留在火星上的主角，不過往返的天數感覺有點勉強。這項計畫的問題，就是要在火星上空攔截主角的接駁小艇。他們跟登月任務一樣，都是使用太空會合方式，這是讓兩個載具在太空中對接的技術。由於他們是直接正式上場，這可說是相當冒險的救援行動。

在太空裡，賀密斯號能夠攔截主角搭乘的那艘接駁小艇的時間，大約是五十分鐘。

在賀密斯號抵達之前，麥特．戴蒙飾演的主角日漸消瘦，全身上下浮現好幾個瘀青。那是即將營養失調的症狀。這也難怪，畢竟這段期間，他一天只能靠半顆馬鈴薯度日，實在太慘了。不過，他還是努力完成長距離移動，抵達接駁小艇所在的位置。幸運的是，這艘從前遺留下來的小艇能夠正常啟動、發射。雖然這段劇情非常不真實，無論如何他總算成功脫離火星。假如脫離的時機，沒對上前來接他的太空船抵達的時間，這項計畫就不會成功。

雖然主角承受了12G的驚人加速度而昏了過去，還撞斷了肋骨，不過他總算是來到了太空。接下來，接駁小艇跟太空船賀密斯號要進行對接，這是電影最後的精彩橋段。

雙方距離長達70公里。若要順利攔截到接駁小艇，相對速度必須維持每秒11公里左右，否則會很困難。但是，因為雙方距離很遠，若要縮短距離，秒速得達到40公里。太空衣的噴射裝置稱為推進器，此時主角提議用這個裝置來調節速度。此外他還刺破太空衣，打算讓裡面的空氣逆向噴射，藉此使用反推力。簡直就是在賭命呢。畢竟這是電影，最後他成功加速縮短距離，生還回到賀密斯號上。

## 火星的夕陽

本章的最後，同樣想介紹幾個有關火星的常見問題當作結尾。

火星比地球小，重力大約只有地球的三分之一。電影裡，麥特·戴蒙跟在地球上一樣行動自如，不過既然重力只有30％，行動起來理應會更接近無重力狀態才對。在火星上步行應該也會跟在月球上一樣，變成略微跳起的動作吧。

在宇宙的各種重力環境下，活動會有什麼樣的改變，必須經過更多的驗證才能釐清。手塚治虫的《火之鳥》裡，出現過有著相反的重力、岩石會往上跑的行星，其實現實中也有類似的、具有向上引力的行星。

那就是太陽系裡木星的月亮——伊俄（Io，木衛一）。

這顆天體，正確來說不是行星，而是繞行木星的衛星（請想成是跟月球一樣的天體），因為木星有著巨大的重力，導致伊俄受到很強的潮汐力。潮汐力是使大海掀起波浪的力，地球受到的潮汐力則是來自於月球。這即是海水漲潮與退潮的成因。單憑潮汐力，當然不可能讓岩石往上飄，不過卻能讓大海掀起數十公尺高的巨浪。

在這種重力或潮汐力異於地球的世界裡，十分有可能發生前所未見的現象。事實上，伊俄也有噴煙能衝上太空的火山，宇宙中還有會噴冰的火山。在這浩瀚宇宙裡真的存在許多超乎想像的世界。

另外，各位知道火星的夕陽是藍色的嗎？

不，應該先問各位，地球上的夕陽為什麼是紅色的呢？

那是因為，日落時夕陽接近地平線，陽光穿過大氣層的距離比白天長，從而受到更強的散射。於是，波長短的藍光被散射掉的程度比白天還多，最後只留下紅光，所以地球的夕陽看起來才會是紅色的。不過，火星的大氣層十分稀薄，所以從地平線射入的陽光跟白天一樣，不太會發生散射。換言之，因為藍光未被散射保留了下來，才會形成藍色的夕陽。

跟地球的紅色夕陽相比，兩者的印象截然不同呢。假如電影也能描寫到這點，感覺應該會更加逼真。倘若能在螢幕上看到不同於地球、美麗的藍色夕陽，相信你一定也會成為火星的俘虜吧。《絕地救援》主要描寫的是在嚴苛環境下求生的情形，只看這一面的話，大部分的人或許不會想去火星這種地方，當初電影若是能描寫一些很有火星氛圍的絕景就好了。

## 以太陽系其他行星為舞臺的作品

描寫登陸太陽系行星的科幻作品還有好幾部。由於大家常會誤解，我先在這裡補充說明一下，木星與土星是氣態行星，本來就沒有可以降落的地面。因此，在描寫人類登陸外星的科幻作品裡，如果是以木星或土星為題材，就只能以繞行這類行星的月亮為舞臺。1981年上映的電影《*Outland*》就是以木星的衛星伊俄為舞臺，由史恩·康納萊（Sean Connery）主演。

此外還有電影《朱比特崛起（*Jupiter Ascending*）》，不過類別跟第2部前面介紹過的有真實感的電影不同。這部電影的科幻色彩相當濃厚，基本上是以木星為舞臺，當中有一幕是太空船衝進木星的氣體後，裡面出現巨大的外星人設施。雖然不清楚設施是否就飄浮在氣體之中，不過觀眾也許能稍微體會到衝進木星的感覺。另外，木星的重力是地球的兩倍多，所以那些外星人的肌力與骨骼似乎都比我們強健許多。以這種狀態來到地球的話，他們也會像我們在月球上活動那樣無法正常行走。無論何種生物，理應都是演化成只適應該行星固有的重力環境，只能夠在當地活動自如才對。

第9章

# 也寫成了論文的黑洞真實模樣

《星際效應》

《星際效應》DVD普通版
建議售價：NT299元
圖像提供：得利影視

## 星系與星系之間的距離

接下來要介紹的是，以離開太陽系的太空旅行為題材的電影《星際效應（*Interstellar*）》。這部電影跟第3章介紹的《TENET天能》一樣，都是由克里斯多福・諾蘭（Christopher Nolan）導演執導。此外還邀請獲得諾貝爾物理學獎的美國物理學家——基普・索恩（Kip Thorne）博士擔任科學顧問，是一部有科學根據、影像處理用心的作品。這兩個人也在《TENET天能》合作過。本章就順著劇情，透過這部作品跟各位談談離開太陽系的世界。

首先，《星際效應》裡的太空船，也具備如《絕地救援》描寫的那種，藉由旋轉產生離心力的裝置。此外，因為要進行長時間的飛行，太空船上似乎也有類似人工冬眠的裝置。我對這項技術的現況並非瞭若指掌，不過記得幾年前曾有消息說，美國某大學成功解凍名為斑馬魚（zebrafish）的淡水魚胚胎。另外，在我們的日常生活當中，早就有先冷凍生殖細胞再解凍使用的不孕症治療技術。雖然受精卵與活生生的生物，兩者必須克服的難關應該大不相同，但說不定在不久的將來，能夠實現將哺乳類或人類冷凍後再解凍的技術。歐洲太空總署也表示，希望能在二十年內實現人工冬眠技術。

電影裡主角一行人之所以展開太空旅行，是因為地球面臨環境危機，必須盡快找到可移居的行星。這項計畫是先花兩年抵達土星，再經由土星附近不知怎麼產生的蟲洞，前往候選的移居星球。

這裡先請問各位：你對星系有概念嗎？

我們的太陽也是一顆恆星，而包括太陽在內數千億顆恆星聚集成圓盤狀不停旋轉的天體，就稱為星系。太陽系便屬於其中之一的銀河系，據說全宇宙的星系數量約兩兆個。就這層意義而言，宇宙中有無數個跟太陽系一樣的行星系，而且也非常有可能存在環境如地球的行星，行星上甚至還可能有生命。事實上，英國《自然（*Nature*）》期刊就曾在2021年刊登的文章中提到：「在我們周圍100光年以內，可能有29個可接收人工電波，而且跟地球一樣有水的行星」。這是根據詳細探測系外行星（位在太陽系之外的行星）後獲得的資料進行統計預測所得的預估數值，並非實際的發現數量。不過若是相信此數據，意謂著我們的文明所產生的人工電波，有可能已經被那些行星接收到了。

但是就算接收到了，雙方要順暢地溝通交流仍然有很大的障礙。原因在於，地球跟這些行星的距離實在太遙遠了。舉例來說，太陽的旁邊是半人馬座$\alpha$星，兩者之間的距離約4光年。就算利用光進行通訊，一來一往通常也要花上八年。目前距離地球最遠的人造物，是太空探測器航海家一號（Voyager 1），但它也才終於來到太陽系邊緣而已。如果要從那裡前往其他恆星的行星系，仍有一段超乎想像的距離要走。

除非能夠實現這種不切實際的長距離移動，否則像電影那種以跨越太陽系的星系世界為舞臺的科幻作品就無法成立。這類作品的設定，大多採用如運用蟲洞的捷徑，或是如瞬間移動的曲速飛行這類假想技術。至於這部電影，則是以「很幸運地，太陽系裡有蟲洞的入口」這個設定來克服這一點。

在電影的設定中，蟲洞的出口似乎是另一個星系。也就是說，這是連銀河系都能跨越的超長距離移動。距離銀河系最近的星系是仙女座星系，但兩者的距離也有２５０萬光年。換言之，以光速移動要花上２５０萬年。雖然我覺得以故事來說，其實用不著特地跑到另一個星系，以銀河系內的其他星球為舞臺就行了，不過這點就先擺到一邊吧。總而言之，主角一行人就是經由土星附近的蟲洞，前去探索其他的行星。

## 有辦法通過蟲洞嗎？

電影裡其中一個很有意思的地方，就是將進入蟲洞的情形描寫得很有真實感。

首先，主角他們看到另一個星系浮現在一個球體內。看來這個球體就是蟲洞。太空船緩慢地接近這個球體。在進入蟲洞之前，一名組員說「準備跟太陽系說再見吧」，另一名組員則回答「是跟我們的銀河系道別」，之後太空船便進入蟲洞。

蟲洞就像是連結時空上不同地點的通道。據說如果有辦法通過蟲洞，就能穿越空間，在一瞬間移動到另一個地方。但是，不曉得單純的物質能否通過蟲洞。有研究指出，理論上只有能量為負的物質才能通過（參考24頁）。

雖然也有學者在研究蟲洞，但因為尚未觀測到候選天體，現階段仍只是理論上的存在。黑洞常被當作蟲洞的入口，相關研究也不少。例如有個假說認為，黑洞與白洞透過蟲洞連結，如果掉進黑洞，就會被白洞吐到宇宙中的另一個地方。

白洞也是沒有候選天體的理論上的存在，但宇宙實在廣大，我們無法否定白洞存在於宇宙某處的可能性。蟲洞也極有可能位在宇宙的某個地方，只是尚未觀測到罷了。再者，姑且不論蟲洞是否真的存在，「什麼樣的物體能夠通過蟲洞」是可以計算與討論的，因此光是這個主題就有各種學說。

前面介紹了幾個關於蟲洞的科學知識，不過電影將這類複雜的問題擺到一邊，總之組員們平安無事地通過蟲洞。而蟲洞的另一邊，有三個候選的移居行星。

## 為何會產生將近七年的時間差？

組員們決定前往的第一個目標，是被稱為米勒星（Miller's planet）的行星。

在討論各個行星的故事之前，我想先整理一下用語。在日語版電影裡，「星」這個字似乎是指行星，不過本來應該要區分清楚才對。狹義而言日文的「星」是指如太陽那種本身會發光的天體，正確的專業術語稱為「恆星」。我們能夠居住的岩石天體不是恆星，全是行星，所以就算前往恆星也沒有意義。

這顆叫做米勒的行星，似乎是距離出口最近的天體。但是，在它的旁邊有一個稱為巨人（Gargantua）的黑洞，受到重力時間延遲效應的影響，在這顆星球上停留一個小時相當於在太空船裡待上七年。換言之就是會發生所謂的浦島太郎效應。不過，認真計算的話馬上就會明白，這麼大的時間差是相當不合理的設定。如果要發生同樣的現象，這顆行星必須極為靠近黑洞視界，也就是連光都跑出不來的區域才行。但是目前已知，位在這個地方的行星無法持續進行穩定的公轉運動。能讓行星穩定存在的最內側軌道，是黑洞視界的三倍大。換句話說，至少必須保持黑洞尺寸三倍遠的距離。如果不在穩定的公轉軌道上，就會進入逐漸掉進黑洞裡的軌道。

最後，這顆行星就會被吞噬消滅。

那麼，我們實際算算看，距離黑洞三倍遠的行星時間流速吧。計算的結果是0．81倍。換言之，以在遠處待命的太空船為基準，這顆行星的時間會延遲兩成左右，假如在這顆行星待上一個小時，時間相當於在太空船上過了一個小時又十五分。十五分鐘的延遲，差不多是遲到一下下的程度。

另外，如果真要實現電影的設定，就算行星位在黑洞視界的邊緣，接下來還會面臨一道阻礙：必須脫離黑洞附近的強重力圈才能回到母船上。以重力來看基本上是沒辦法脫離的。黑洞視界，是連這世上速度最快的光都不知道能不能跑出來的邊界區域。換作速度比光慢上許多的登陸艇更是有去無返，只能放棄。

不過，米勒星的重力本身比地球大30％左右，電影或許是覺得重力要達到這種程度才會發生黑洞造成的時間延遲吧，這點沒什麼不對。就算時間流逝得非常緩慢，行星的重力並不會隨之變大。行星的重力，只取決於行星的大小。

時間的延遲，就像米勒星與母船的例子一樣只是相對的現象。也就是說，並不會因為時間過得緩慢，讓人感覺到自己只能緩慢行動，而是要比較處於不同重力環境下的雙方，才能感覺到時間的延遲。

除了重力，這顆行星的潮汐力也非常強大，降落在此的太空船就遭到滔天巨浪襲擊。電影將地球上不可能發生的震撼現象化為實際的影像，這一幕真的很壯觀呢。即便這只是想像中的行星，觀眾也能透過影像身歷其境，見識到不一樣的太空環境。

不過，這一幕若看得仔細一點，背景的景色也會讓人冒出關於此行星環境的各種疑問。

首先可以確定，假如像太陽系一樣，巨人黑洞落在太陽的位置上，行星則繞著黑洞公轉的話，這顆行星的環境是不可能如電影呈現的那樣。從畫面上來看，天空始終是明亮的，因此應該有另一顆當作太陽的恆星才對。現實中也存在黑洞與恆星的聯星，或許電影就是這種狀況。另外，這顆行星有海水。換言之，這顆存在於隱藏設定裡的太陽與這顆行星，必須相隔能讓水保持液態的適度距離。假如片中設定的所有天體都符合這些條件，而且與黑洞之間的距離關係能夠實現前述的時間延遲效應，這個行星系的環境究竟是什麼樣子呢……這一幕讓人忍不住思考起各種問題呢。

## 與地球的通訊

主角他們只在米勒星上停留幾個小時，連此行的目的——記錄這顆行星資訊的觀測器，也都因為遭遇巨浪襲擊而無法取回，只能趕緊搭乘小型太空船脫離這顆行星。

如同前述，要脫離比地球大的行星，單靠小型載具是很困難的。想脫離比地球大的重力圈，需要燃燒及捨棄大部分的質量。也就是說，必須事先讓質量比小型載具大的燃料艇登陸該行星才行。不過，電影終究只是虛構的故事，這個部分就別太計較了，我們接著往下看吧。

撿回一命的他們回到在太空中待命的太空船時，等待他們的組員已在船內度過二十三年的歲月。簡直就是反浦島太郎效應。實在難以想像，留下來待命的組員是如何熬過長達二十三年的孤獨。

在他們前往米勒星的期間，太空船也接收到許多來自地球的訊息。主角逐一觀看這些訊息。但是，這裡本來就是越過銀河系，距離地球數百萬光年的地方。如果以普通方式通訊，人類鐵定已經滅亡了。他們應該是找到了可成功通過蟲洞的通訊手段吧。不過，如果有辦法使用這種通訊方式，在把人送過來之前應該也能先以無人機多進行幾次探測才對，所以這部分令人有點在意。舉個例子來說，假設外星人因為自己的星球滅亡，為了移居而要進攻地球，他們應該會在面臨這種走投無路的狀況之前，先花數十年的時間徹底進行無人探測，更循序漸進地準備移居這件事吧？

## 那個男人再度被遺留下來

候選行星還剩兩個。眾人為了該去哪裡進行了一番激烈討論，最後決定前往先一步出發調查星球的曼恩（Mann）博士所在的行星。

這位曼恩博士，是由主演《絕地救援》的麥特・戴蒙所飾演。而且，他在這部電影裡飾演的是獨自在候選的移居行星上待命的角色，境遇與前者類似。居然兩次都在無人的行星上等到天荒地老……實在很倒楣呢。

在主角他們抵達之前，曼恩博士都處於冬眠狀態。他們將博士喚醒後，便討論移居這顆行星的可能性。看樣子這個星球，基本上算是一顆冰行星。無論晝夜氣溫都很低，連雲都凍結了，一天之中白天長達六十七個小時，時間相當長呢。重力似乎比地球少了兩成左右，跟沒離心力的國際太空站重力差不多。

乍聽之下，這似乎不是個適合生命存在的行星環境。但是，曼恩博士說冰層底下的成分有希望產生有機物與大氣。

然而，一切都是曼恩博士的謊言。不同於《絕地救援》那位誠實且樂觀的主角，曼恩博士為了獨自逃離這顆行星，企圖背叛主角他們。在短時間內接連看完這兩部電影的我，看到這一段時頭腦相當混亂。這個男人在火星上是英雄人物，但在這裡卻讓人失望難過。

先不談這個了，總之最後，曼恩博士的陰謀得逞了。他搭乘搶來的小型太空船，飛向在太空裡待命的母船，嘗試與之對接。但是，這時只能手動操作，他不聽勸阻強行進行對接。最後，因為在對接不完全的情況下打開氣閘，導致小型太空船嚴重損毀，自己也難逃死劫。

這一段場景非常嚴肅，不過呈現方式令我相當佩服。因為最後一幕是無聲的大爆炸畫面。以《星際大戰（*Star Wars*）》為首的宇宙題材科幻作品，在描寫太空中的戰鬥時，無論互相攻擊或爆炸都會發出巨響。不過實際上，太空是真空狀態，所以聲音完全無法傳遞。當然，激烈的動作場景若沒搭配音效看起來會很沒感覺，所以我認為電影這樣表現是沒關係的。不過，《星際效應》的爆炸場景完全沒有聲音，反而能夠感受到太空的恐怖，這種表現手法讓人很有好感。當時我心想：真希望未來電影圈在拍攝這類宇宙戰爭作品時，能夠想出巧妙運用無聲的表現手法。在寂靜無聲之中，爆炸碎片突然高速飛來貫穿太空船的窗戶——真想在大螢幕上看到這種不依賴音效的震撼畫面呢。

## 前往黑洞內部的太空旅行

在故事的最後階段，主角決定前往巨人黑洞。

這個黑洞的影像，正是根據基普・索恩博士實際以廣義相對論計算黑洞周圍的光線軌跡後做出來的影像製作而成，非常逼真。他是一位相當認真的研究者，不僅為了拍攝這部電影而協助開發程式碼（計算光線要如何傳遞才看得見），還將開發手法寫成了學術論文，真厲害呢。人類首次拍到的黑洞影像在2019年曝光，當時就有人拿這部電影的黑洞影像來做比較，可見其正確度有多高。請各位在觀看電影時，一定要仔細地欣賞這個畫面。

再把話題拉回到電影上吧。

主角前往黑洞的目的，是為了取得完成結合重力與量子力學的統一理論所需要的資料。如同前述，統一理論是能夠統一解釋自然界四種力的終極理論。從科學角度而言，若要完成這項理論，黑洞的奇異點扮演了很重要的角色，所以主角才要去取得這項資訊。

所謂的奇異點，簡單來說就是物質能量的發散無限大的點。由於在這裡無法進行一般的物理量預言，這個點若是裸露出來就會打破物理定律。這種裸露在外的奇異點就稱為裸奇異點（naked singularity）。2020年獲得諾貝爾物理學獎的羅傑・潘洛斯（Roger Penrose）博士，曾與霍金博士一同研究過，這個黑洞的裸奇異點無法在何種數學條件下出現。黑洞通常會以視界包圍奇異點，所以奇異點不會裸露出來，無法直接觀測。這是有關物理統一理論的終極領域，因此可說是擔負物理學未來的人類尚未踏入的新天地。

但是，進入黑洞，就意謂著絕對無法出來。從這一段開始，電影就出現許多與科學的矛盾之處，所以就算深究也沒用，不過我還是從正面的角度為大家解釋要如何出來吧。那就是利用從黑洞提取能量的潘洛斯過程（Penrose process）。

這裡就省略詳細說明了，總之黑洞分成兩大類，一種會轉動，另一種不會轉動。會轉動的黑洞，有個稱為動圈（ergosphere）的特殊區域，理論上利用這個區域提取能量是可行的。不過，這只是原理上可行、欠缺現實感的辦法。根據電影的解釋，主角就是利用這個過程獲得動量來脫離黑洞。

## 從《星際效應》看高維世界

總之，最後主角順利地從黑洞內部，將奇異點的資料發送給地球。

在這段劇情中，可以看到黑洞內部突然出現高維度的立體構造物。以概念來解釋的話，就是使用奇異點的資料解開方程式後，便能完成統一理論，具備高維度的觀點。

這裡的高維空間，解開了電影開頭鬧鬼房間的伏筆。在電影的一開始，主角家曾發生沙子從空無一物的地方落下，或是書架上的書有規律地自己掉下來這類怪事。其實那個超立方體空間與這個房間相連，主角利用五維方向，以摩斯密碼將奇異點的資料傳送給自己的女兒。不過，能夠以摩斯密碼傳送的奇異點資料究竟是什麼，實在很難用科學來解釋，所以這裡就針對五維宇宙模型為大家稍作說明。

超弦理論（superstring theory）是當前的統一理論候選者之一，該理論認為時間為一個維度，空間則有九個維度。但這樣一來就跟我們三維空間的世界不相容，所以通常會緊緻化（compactification），將額外的空間維度縮小捲曲起來。膜宇宙就是從這裡發想出來的。

在膜宇宙中，空間的三個維度全鑲在一張膜上，額外的一維空間方向，則是膜能夠移動的維度。若要比喻的話，浴室裡的「浴簾」是膜宇宙，而沾在浴簾上、滑落下來的「水滴」則是包括我們在內的所有粒子。所有物質都只能在這片浴簾上移動，這相當於三維空間方向。不過，浴簾本身只能在浴簾軌道上移動，這相當於第四個空間維度。浴簾上的水滴，無法離開浴簾移動到第四個方向，也就是處於被拘束的狀態。假如這裡再加入時間，就成了總共五個維度的宇宙模型。在電影裡，主角就是利用此第五維度的空間，將女兒房裡的書本推落，藉由這種方式傳遞訊息。

膜宇宙模型認為，能夠在這個維度傳遞的只有時空的漣漪——重力波，一般的物質是辦不到的。重力波確實與重力有關，所以應該可以發揮如電影劇情中那種推落書本的力學作用，但這非常困難。重力波與物質之間的相互作用非常低。２０１６年人類才首次觀測到來自宇宙的重力波，在此之前雖然知道重力波的存在，但近百年以來都觀測不到，就是因為它的信號非常小。信號很小，意謂著要利用這個波讓物體移動是極為困難的事。感覺就類似，即使照射這個波，波也會直接穿過物質。因此事實上，就算利用只能傳遞重力波的高維度，也無法將訊息傳送出去。

這部電影似乎是設定，非重力的「愛」能在這個高維度傳遞。既然電影是用愛來解釋，我也只能舉手投降了，總之可別輕易以為具備高維度的觀點，就能穿越時間干涉過去。說到底，目前的高維宇宙模型，基本上時間都只有一個維度。畢竟電影是虛構的，表現方式當然也是自由的。不過，若從科學角度來討論的話，「因為是高維度，所以在時間上也可隨意看到過去與未來」這種詮釋，就跟用愛解釋沒什麼不同。

第10章

# 星際飛行需要的應用程式

《星際大戰》系列

## 掀起星際大戰的家族

接著就來介紹，以整個銀河系作為舞臺，將跨星球移動的星際飛行變成家常便飯的科幻作品吧。

具代表性的作品，當然非電影《星際大戰（*Star Wars*）》系列莫屬了。

導演是喬治・盧卡斯（George Lucas）。此系列最早問世的作品，是1977年上映的第四部曲。這部長篇作品之所以像這樣先拍攝及上映中間的故事，是因為當時的電腦動畫技術還不發達、還不成熟。第四～六部曲是在1983年以前推出，之後影像技術終於追上盧卡斯導演的構想，這才開始拍攝第一～三部曲。首部曲是在1999年上映，第三部曲則在2005年上映。即便只算前六部曲，此系列的歷史也夠漫長了，堪稱是前所未有的壯闊太空歌劇作品，其地位至今屹立不搖。

之後，導演換成J・J・亞伯拉罕（J. J. Abrams）與雷恩・強生（Rian Johnson），繼續拍攝接下來的三部曲。第七部曲在2015年上映，最新的第九部曲則在2019年上映。這篇漫長的故事若是省略細節，總的來說就是在講天行者（Skywalker）這個家族的事。第一～三部曲的主角是日後成為達斯・維達（Darth Vader）的安納金・天行者（Anakin Skywalker），第四～六部曲的主角是他的兒子路克（Luke），第七～九部曲則以銀河帝國皇帝白卜庭的孫女芮（Rey）為主角，三人在電影裡都有活躍的表現。真是個對銀河系影響甚鉅的傳奇家族呢。

說到這部系列電影的魅力，當然就是有各式各樣的星球人種與角色登場。尤其是絕地武士團（Jedi）這個猶如日本武士的團體，想必不少人都是被他們帥氣的活躍表現給迷住吧。我個人很喜歡首部曲與第三部曲。第三部曲集結的絕地武士人數是整部作品中最多的，大規模的戰爭場景也很精彩。至於首部曲，我特別喜歡安納金的師父——兩名絕地武士，與外貌猶如紅鬼、使用光劍的敵人達斯・魔（Darth Maul）一對一決鬥的場景。就像劍道一樣，開打前先調整呼吸，對敵人以禮待之的格鬥場景，日本人看了會產生莫名的親近感。絕地武士的服裝也很像柔道服，這些都可說是熱愛日本的盧卡斯導演才想得出的點子。

## 所謂的統治銀河系

在《星際大戰》中，以達斯．維達為首的邪惡集團帝國軍企圖統治銀河系。這裡就來想像一下，統治銀河系究竟是怎麼一回事吧。

首先請問，各位知道我們的太陽系位在銀河的哪個地方嗎？

銀河系的圓盤，其半徑有5萬光年。我們的太陽系就位在接近此銀河半徑正中央的位置上。銀河的中心有個巨大的黑洞，恆星聚集而成的核球（galactic bulge）就圍繞著黑洞。銀河裡的星星就以黑洞及核球為中心，如洗衣機一般不斷旋轉。據說轉一圈要花大約2．5億年。

請各位想一想，這個時間長度與生命或文明的長度差距有多懸殊。

假如想統治整個太陽系，以行星來說的話統治範圍最遠就到海王星。既然統治這些行星，應該就需要進行通訊告知傳達事項，但以地球到海王星為例，用光傳遞的話單程要花四個小時，公轉週期約165年。就算跟公轉的時間沒什麼關係，來回通訊也要花上半天左右。

如果是銀河系規模，則需要更龐大的時間吧。少說也要花個數萬年。

就算宇宙再怎麼廣大，也很難認為一個文明有辦法持續十萬年。以人類來說，如果從四大文明算起，能夠持續一萬年左右就很了不起了吧。我的根據是：文明越是高度發達，越會研發可在一瞬間毀滅全世界的科學武器，阻礙文明延續的不穩定因素也會與日俱增。

相信各位已經明白，統治距離遙遠到通訊得花上數萬年——說不定那時母國的文明早已滅亡——的國家，究竟是怎樣的狀態了。統治宇宙中的國家與統治地球上的國家，兩者是截然不同的狀況。

若拿銀河系中，更接近我們的地方來說的話就更好懂了。例如，距離太陽2000光年以內的範圍可說是星星的世界，這裡的星星是指地球上看得到的星座。星座是將天空中肉眼可見的星星畫線連成的區域，因此主角是位在此距離範圍內的星星。然而，即便是位在這2000光年範圍內的星星，通訊也需要花數千年的時間。在耶穌基督誕生時發出的訊息，直到現在才收到回覆，這樣實在不能算是對話。

既然要統治，直接進駐當地這件事自然比通訊更重要，因此最大的關鍵仍舊是要如何進行星際移動。如果數光年的距離也能在一瞬間抵達，通訊肯定一樣能縮短時間才對，但因為電影只是籠統地用「銀河」來說明規模，這個範圍到底多大就不得而知了。不過，我個人猜測，能夠統治的範圍頂多數十光年。儘管不清楚電影世界的技術水準有多高，但若考量交通與通訊這兩點，應該會妥協只統治銀河裡的這一塊角落吧。星球之間的距離就是這麼遙遠，以規模感來說，宇宙裡空無一物的空間反而比星星還多。

統治的目的，應該是要運送及獲得物資或人才等資源，但如同我一再強調的，從星球之間的距離來看，辦得到這種事的頂多就一個恆星的行星系而已吧。不過，如果有辦法統治太陽系，以文明而言夠厲害了。假如是統治距離更遠的恆星及其周圍的行星，實際上是無法運送物資之類的東西，既然如此在那裡興風作浪到底是為了什麼呢？現階段好像沒有任何一部科幻作品的反派角色提到統治的真正目的。

以星際移動為前提的太空歌劇當中，與《星際大戰》相似的作品還有《星艦迷航記》。

跟《星際大戰》相比，這部作品是採美國電視影集擅長的肥皂劇形式，主要描寫不同人種的外星人之間的交流以及人生百態。

## 試著從科學角度探討星際飛行

如果稍微從科學角度來思索星際移動的方法，除了前述利用蟲洞的辦法外，還有人提出阿庫別瑞引擎（Alcubierre drive）這項理論。這個點子簡單來說，就是扭曲船（航行器）前後的時空，製造如大霹靂宇宙的爆炸那樣的時空結構。

宇宙最初是一顆稱為大霹靂的火球，之後從這個狀態急速膨脹。時空的彎曲程度稱為曲率，原理上大霹靂造成的曲率無限大。這個點子就是在船的後方產生如小型大霹靂的曲率，以此作為推進力。感覺就像是藉著早期宇宙的大爆炸讓船移動。

據說提出這個點子的米給爾．阿庫別瑞（Miguel Alcubierre）博士，是從《星艦迷航記》系列描述的曲速技術得到靈感。這或許可以算是將電影呈現的想像世界發揮在科學上的例子。不過，這個辦法的最大缺點就是：實現此方法所需的能量，居然比整個宇宙的能量還要大。在《星艦迷航記》的設定中，星艦企業號（Enterprise）是在周圍產生曲速場（warp field），藉此讓速度突破光速，這個方法就如同阿庫別瑞引擎，是扭曲星艦前後的時空。

說到超越光速，也有人提出迅子這種假想粒子（參考50頁）。

這並非在自然界觀測到的粒子，只是理論上的存在。如果迅子真的存在，而且可以人為操作，或許就能實現超光速移動。假使無法實現超光速移動，只要使用迅子，就能進行超光速通訊，因此要與鄰近恆星的行星系聯絡肯定也會變得很容易。除此之外，能夠突破光速這個極限速度的物質，原理上可以將訊息傳送到過去，因此應該也能夠當作時光機。但無論如何，目前尚不清楚迅子是否真的存在，而且也完全沒發現有望成為迅子的基本粒子。

## 人工冬眠技術的必要性

《星艦迷航記》裡有句臺詞是這麼說的：

「自從發明了曲速技術之後，就再也不需要使用人工冬眠裝置了。」

這是一定的吧。假如飛行方法跟現在差不多，要進行數十年的長時間飛行，就需要使人體呈假死狀態的人工冬眠裝置。不過，如果飛行方法發展到能夠進行曲速飛行，應該就再也不需要這種技術了吧。

電影《星際過客（*Passengers*）》，就是描寫人工冬眠裝置引發的恐慌。

為了前往另一個行星居住，五千名乘客在長達一百二十年的旅程中進行冬眠，沒想到當中有兩個人突然提早九十年醒來。通常只要再度進入裝置應該就沒事了，但他們並沒有成功，故事便是講述之後發生的事。在封閉的世界裡只有兩個人醒著，而且還要度過將近九十年的歲月，真是個讓人一點也不願意想像的世界呢。

前面也曾稍微提到，除了應用在太空旅行上，這種陷入假死狀態的人工冬眠裝置，在未來應該也是治療難治之症或延長壽命所需的技術。就某個意義而言，人工冬眠就如同前往未來的時間旅行，即便是現在的醫學難以治療的身體，只要在一百年後醒來應該就有可能治好。姑且不論要做什麼用途，人工冬眠技術可說是能更加積極具體地研發的主題。

## 量子遙傳

在《星艦迷航記》裡，除了曲速技術外，還有一種經典的傳送技術。這種技術很接近量子遙傳這項科學技術。量子遙傳本身，並非可疑的幻想科學，而是可用量子纏結實證的現象。實驗證明，在量子這種微觀粒子的世界裡，確實能夠做到瞬間移動般的傳送。

不過，這裡說的傳送並不是指某個物質移動，而是粒子具備的性質在一瞬間傳到遠方，這樣解釋比較恰當。具體而言，這個性質就是指電子的自旋（spin）。

電子具有上旋與下旋這兩種自旋性質。自旋與自轉常混為一談，不過前者是違反我們直覺的量子力學特有的性質。舉例來說，有時會看到「自旋為1／2，所以旋轉2圈就會回到原狀」之類的描述，但這樣反而會讓人搞混。因此，各位可以單純想成自旋有兩種狀態。

話說回來，電子的神奇之處，在於可同時存在兩種狀態。這就是稱為「薛丁格的貓」的疊加原理。此外也可取兩個電子疊加，同時存在「A電子為上旋，B電子為下旋」，與「A電子為下旋，B電子為上旋」這兩種狀態。這種特別的狀態就稱為量子纏結。

假設我們將兩者分別放在不同地方，然後觀測A的自旋。於是會發現，這個瞬間，B的自旋狀態便決定了。實在是很奇妙的關係呢。舉例來說，如果A為上旋，B就是下旋。而B的狀態，是在觀測並確定A狀態的那一刻決定的。

傳遞某個資訊的速度，通常不會超過光速。但是這個現象，原理上不管相隔距離多遠，都能超過光速在一瞬間傳達，堪稱是嶄新的資訊傳送技術。再強調一次，這裡說的並不是傳送物質本身。

不過，只要應用這個現象，表面上能夠做到傳送物質這件事。為什麼做得到這種事呢？因為，這種方法是根據傳送到目的地的資訊重新組成物質。也就是說，事先在傳送目的地與傳送起點準備同樣的物質，等自旋資訊之類的資料傳送完成後，在傳送目的地重新組成跟傳送起點的物質完全一樣的東西。

據說目前能夠傳送的最大尺寸為原子。我們根據此現狀想像一下傳送技術吧。由於原子大小以下的東西都能夠傳送，首先將金屬分解成各個原子，獨立傳送。然後在傳送目的地，再合成這些原子——總之應該要經過上述幾道步驟。如果要組合不同的原子，光是在傳送目的地進行合成這個步驟，應該就有許多課題要解決。這種機制就近似第1部介紹過的，先分解成量子尺度再穿越時間的時間旅行方法（參考32頁）。介紹《魔鬼終結者》時也曾提到，傳送機器人或服裝應該會比較簡單，如果是傳送生物，就要從原子這一物質重新合成為生命，因此層級跟傳送無機物是不同的。

現階段，NASA已成功利用量子傳送技術將光子傳送到40公里遠的地點，但總的來說傳送技術似乎仍不出科幻的範疇。不過，想像有一天，這種傳送技術變成大家認真討論的超未來科技，就教人興奮與期待呢。

## 星際飛行不可缺少的應用程式

本章的最後想跟各位聊聊，以《星際大戰》為首，存在著星際飛行的世界第一需要的應用程式。

相信各位應該明白，如果要在太空中旅行，必須使用立體的地圖，而不是地球用的那種平面地圖，否則派不上用場。《星際大戰》第二部曲裡出現過這樣的場景：絕地武士在絕地圖書館內，打開投影到空間上的立體星球地圖，尋找目標星球。這種地圖只要聚焦於目的地，就會如Google地圖那樣出現詳細資訊。

在太空中旅行時不可缺少這種地圖吧。不過，這裡還要再加上一個要素。那就是：在目的星球上看得到的星座地圖。

仔細想想，星座是將有深度等立體距離的一群恆星，投影在平面上。換言之，即便是同一群恆星，在地球的夜空中看到的形狀，與在其他行星上看到的形狀是完全不同的。不過，既然我們是在地球上談論星星，這種平面地圖才是我們所看見的星星形狀。

以這點為前提，假設我們第一次登陸外星人生活的行星上。如果當地的外星人問「你從哪裡來？」而我們以地球人的角度回答「從天琴座那邊來的」或「從獵戶座那邊來的」，對方聽得懂嗎？

如果這樣回答，對方大概會完全聽不懂。除非那位外星人奇蹟似地熟知地球上看得到的星星位置關係，否則要告訴對方自己從哪裡來，就必須根據登陸的行星所看到的星座來回答吧。因此，在太空中旅行一定需要，可顯示目的星球星座盤的應用程式才對。

說得更正確一點，各個行星的自轉方向等資訊也必須考量進去。

每顆行星的自轉軸方向都不相同，即便屬於同個行星系，看得見的星座相對位置關係也一樣，但當作北極星的星座卻是不一樣的。例如，橫躺著轉動的天王星，其當作北極星的恆星就跟地球的不同，而南極星則是獵戶座。另外，金星的自轉方向跟地球相反，星座的周日運動也是反過來從西方緩慢地移向東方。

此外，降落在該行星的哪個緯度上，也會影響到看見的星座形狀。就連在地球，北半球的部分星座，在南半球是上下顛倒的。例如，獵戶座在南方的天空就是呈倒立狀。因此，可縮放檢視目的星球，以及選擇行星，再選擇要登陸在行星的哪個位置，然後製作星座盤的應用程式，對星際飛行而言絕對是很重要的工具。跟地球上靠地面連接起來的位置關係大不相同，在太空中，必須像這樣考量彼此看到的星空模樣才有辦法對話，不知各位是否明白這點了呢？

那麼，假設現在已有可在星球之間隨意移動的技術，如果你打算在某顆行星上與外星人交流，首先應該探查哪個地方呢？以地球來說，是該藉著大都市等地區的燈光來選擇嗎？又或者，應該根據二氧化碳等可作為文明指標的大氣成分來選擇呢？試著思索這個問題很有意思。

從地球的四大文明來看，文明大多發源於大河附近。另外還有一個特徵是，不知為何這些文明大多位在北緯30～40度這個範圍。主要因素在於大陸的形狀嗎？還是有氣候因素呢？如果南美洲的文明也算進去，就會讓人不禁懷疑，地球的北緯40度到南緯40度（包括赤道在內）這個範圍與古代文明的發生，是不是有什麼關係呢？有朝一日發現宇宙中的其他文明時，我們應該可以針對該行星的緯度與大陸、大河之間的關係，進行各種比較與調查吧。假如能從事這門應稱為「外星人的人類學」的研究，我會非常感興趣。

第11章

# 要與外星人交流別忘了戴上呼吸面罩

《異星入境》

《異星入境》BD普通版
建議售價：NT798元
圖像提供：得利影視

## 呼吸面罩是必不可缺的

從本章開始我們稍微換個口味，來看看以地球人跟外星人的交流為主題的科幻作品。說到地球人跟外星人的交流，我想大致可以分成兩種類型。一種是打算建立較為友好的共存狀態，另一種則是好戰的，以侵略或戰爭為前提。前者的感覺比較接近交流，不過在本書一律都視為交流。

首先介紹的是，電影《異星入境（*Arrival*）》。這部電影的主題是在描述，語言學家與物理學家，嘗試跟外星人進行語言上的第一次交流。

就像這部電影提到的，要與來自不同星球的外星人交流時，果然還是會擔心：

①要如何讓使用不同語言的雙方互相理解？
②適應的大氣環境相異的生物要如何交流？

在進行交流這件事上，兩者都是難度相當高的障礙。

關於障礙①，絕大多數的科幻作品，不是讓外星人一下子就學會地球的語言，就是由會講地球古代語言的人進行口譯，總之雙方能夠正常地對話。至於障礙②，其實這才是最大的問題，但大部分的作品好像都忽視這一點。也許這些作品都有「大氣成分恰巧跟地球一樣」的潛設定。

但是，一般調查宇宙中的行星環境會發現，大氣成分幾乎不具普遍性。舉例來說，目前在地球，氧氣占大氣的五分之一，這是地球四十億年歷史的結果。地球的大氣成分本來是氮氣占絕大多數，後來植物出現，發生幾次全球規模的氧化現象，氧氣逐漸累積在大氣當中，最後才終於達到現在的量。

說到底，就連生物是否普遍以呼吸氧氣來維持生命活動這點，單看地球是無法確定的。因此，如果沒有太空衣這類用來呼吸的裝置，地球人是沒辦法直接與外星人交流的。

另外，也有作品起初考慮到大氣問題而配戴裝備，但調查過大氣後就把呼吸面罩取下，這種行為也請各位千萬不要相信。就算大氣成分乍看數值相近，仍可能存在危險的微生物或病毒等，這麼做很顯然地風險反而更高。我想是因為從畫面來看，戴著面罩不僅難以看清楚臉部表情，而且也不好看，所以才不得已這樣處理，但「穿戴呼吸面罩」是與外星人交流時的鐵則。

不過，電影《異星入境》在一開始，就以相當具說服力的方式詮釋這方面的設定。那就是：外星人絕對不會踏出太空船一步。在電影的設定中，太空船內的重力或大氣似乎與地球不一樣，就算將大氣調整成跟地球一樣，地球人也只能在船內的共存區停留幾分鐘，而且地球人與外星人之間始終隔著一道透明的牆。

## 如何以肉身與外星人交流？

既然如此，難道我們一定要像電影那樣用面罩或頭盔蓋住臉，沒辦法直接以無穿戴裝備的肉身跟外星人交流嗎？關於這點，另一部電影作品《阿凡達（*Avatar*）》就用非常高明的方法解決：主角他們將自己的意識轉移到當地外星人的肉體（抑或相同外觀的動力服）上。操縱的人就像在體驗VR（虛擬實境）一樣，共享外星人的視角與感覺。而且這樣一來，呼吸之類仰賴大氣的生理活動障礙也能輕易克服。

我認為如果要與外星人交流，將這項技術研發到能更隨意操作的程度，是最實際的辦法。

更進一步地說，搞不好連外星人的肉體或動力服都不需要。如果外星人能在VR空間裡與我們進行虛擬交流，這樣應該就足夠了。近期因新冠病毒肆虐而流行透過視訊軟體Zoom跟他人溝通，這種交流方式應該就很接近前述的方法吧。

跟螢幕另一邊的外星人展開交流，以畫面來說缺乏趣味性，但要讓兩個差異如此之大的文明進行交流，這或許是最好的手段吧。

## 心靈感應需要的東西

既然提到《阿凡達》，有個問題我想順便在這裡討論一下。那就是所謂的意識，究竟能不能附著在其他生物個體上？這種現象就是所謂的心靈感應（telepathy）吧。科幻作品常看得到這樣的描寫：因為地球人與外星人有語言問題，所以直接在腦內交談。

目前科學已知，自然界只有四種力的傳遞方法。例如電磁力就是透過光，如果是結合夸克的強力，則有膠子這個媒介粒子。四者當中，只有重力是唯一不清楚以何種媒介粒子來傳遞的力。另外補充一個不是力的例子，若要傳遞聲音的話就需要空氣。

總之，這裡想表達的是，假如真有心靈感應那種直接將資訊傳達到另一個個體腦內的現象，就一定需要用來傳播資訊的基本粒子。若是沒有空氣或光這類作為媒介的基本粒子，資訊是無法自行傳播的。從這個意思來看，心靈感應是脫離不了科幻的範疇吧。

那麼，如果是將人格移到另一個個體，好比說移植整個大腦的話會怎麼樣呢？如果沒有倫理道德問題，我很好奇結果會是如何，此外要是能夠移植大腦，我覺得人格應該也可以移植。畢竟我不是這方面的專家，沒辦法談得更深入，不過如果是外星人與人類互相移植，最起碼大腦構造必須跟人類一樣吧。但是，各個星球的大氣與重力不盡相同，外星人與人類的腦部構造要完全一樣應該也是不可能的。所以，這種「附身」手法，是現代科學所無法想像的吧。

## 非線性語言？

讓我們把話題拉回到《異星入境》上吧。語言學家帶領的團隊嘗試解讀外星人的語言，與他們進行語言交流。

外星人的文字看似圓形的符號，是以七根手指放出的霧狀墨水寫成。不同於地球上發音與文字對應的語言，這種圓形文字跟語音沒有任何關聯性。看來他們的文字，不是如英文那種文字代表語音的表音文字，而是近似漢字那種表意文字。也就是說，符號代表意思。因此，語言學家團隊放棄解讀外星人發出的聲音，轉而著手分析這些符號。

解讀之後發現，外星人的語言是用一個圓來構成一個句子，而圓圈上猶如用筆尖挑出的紋樣具有重要的意思。借用片中主角的臺詞來說，他們的語言就像是「在兩秒內寫完一個複雜的句子」。另外，或許是文字呈圓形的緣故，他們的句子似乎沒有前後的區別。主角根據上述的特徵，稱他們的語言為「非線性語言」。

起初聽到「非線性」一詞時，因為跟自己所知的概念不同，當下我感到很納悶，但看樣子語言學也有線性語言、非線性語言這種說法。

線性原本是指單一要素的總和。在語言學上，如果將單字視為一個要素，用它表示一個概念時，這就稱為線性要素。而句子就是將線性要素加起來而成。反之，一個要素同時具備數個概念或意思，則可稱為非線性要素。數學或物理學所說的非線性，是指帶來影響的不只單純的要素總和，還有要素之間的積，這的確很類似前者。不過，語言學不是我的專業領域，關於語言學上什麼東西對應要素的積之類更進一步的問題，需要求助更熟悉這方面的語言學家，因此這裡就只簡單說明到此。

電影似乎想用這個詞來表達，外星人的語言比地球上的語言學分類還要複雜。片中除了展現「同時具備數種意思」這項特徵外，還提到這種圓形的文字，具有連順序與起點都可任意擺放的複雜性。總之看起來就像是指著這些文字說：「這是非線性（＝很複雜）的語言。」

不過，假如真是完全沒有前後關係的語言，地球人要解讀應該是難如登天吧。這是因為地球上的所有語言，都是藉由單字的排列順序來構成意思。如果要從正面的角度來看此設定，這種語言的結構或許就像回文。也就是說，無論是從前面讀起，還是從後面讀起都會是一樣的意思吧。

## 合理的外星人來訪目的

吐槽就先告一段落吧。

總之，語言學家帶領的團隊逐步解讀外星人的語言。

在此同時，他們也為了瞭解彼此而進行溝通。首先他們互相報上名字，接著也運用手勢互相教導「人類」與「走路」等單字，增加共同的詞彙。最後，語言學家團隊總算能用外星人的語言進行簡單的對話了。

那麼，當我們判斷能與外星人溝通時，第一個要問他們的問題會是什麼呢？我認為答案只有一個：

你們來到這裡的目的是什麼呢？

就只有這個問題了吧。如果不先弄清楚這點，就不知道對方到底是來侵略的，還是單純出於好奇心，於是也就無法決定今後要建立何種關係。電影裡軍方的上校也是急著要求語言學家快點問出他們的來意。

那麼，假如外星人真的親自造訪地球，什麼樣的目的是最合理的呢？這裡就來整理一下造訪的目的吧。想得到的目的主要就是以下三種吧：

①為了侵略、統治
②為了進行友好的交流
③只是出於好奇心

若以人類探索宇宙的立場來想，我認為第三個「出於好奇心」是最合理的目的。外星人搞不好跟我們一樣，最早是為了滿足對知識的好奇心，例如想知道其他星球上有無生物、有的話跟自家星球的生物有何不同等，才會造訪地球。之後才有可能切換成第二個目的。至於一開始就是為了第一個目的「侵略」而來的情況應該少之又少。

原因在於，請各位回想一下這個大前提：當作侵略目標的行星，其大氣與重力等環境無法保證跟自己的星球一樣。不光是大氣的氣體成分，當地有什麼病毒或感染症也完全無法料想。換作是我們，應該絕對不會直接進軍處於這種環境的地方。就拿月球來說，載人探測與無人探測，從成本及生命危險這兩點來看，兩者是層級截然不同的專案任務。

若是明知有這種風險仍執意親自過來，那麼可以想到的目的就只有移居了，但這樣的話起初應該會用無人機仔細調查要移居的行星吧。即便使用的是無人機，技術越進步，越能隨心所欲地調查才對。如此一想，一開始就親自造訪地球的，只有出於百聞不如一見的好奇心，想親眼看看地球的外星人吧。

電影裡，外星人造訪地球的目的是「提供武器」來「幫助人類」，也就是想跟人類建立較為友好的關係。此外，「武器」似乎不是指兵器，而是指他們使用的語言。究竟提供語言來幫助人類是什麼意思呢？請各位一定要親自透過電影找到答案。現在只要能稍微具體地想像，跟外星人進行語言交流會是怎樣的情況，那樣就夠了。

另外很巧的是，拍攝這部作品的丹尼・維勒納夫（Denis Villeneuve）導演，他的新作《沙丘（*Dune*）》跟本書一樣，都是在２０２１年10月推出（譯註：此為日文原書的出版時間）。這部電影也是宇宙題材的科幻作品，以某顆星球為舞臺描繪一個壯闊的世界，真是令人期待呢。

第12章

# 「外星人的視力」與「恆星」的密切關係

《V星入侵》

## 巧妙的侵略計畫

這次以美國影集《V星入侵（V）》為題材，看看好戰類型的交流吧。

《V星入侵》的外星人造訪地球的目的是為了侵略。不過，這部電視影集描繪的外星人，擬定了相當巧妙高明的策略，讓人無法立刻發現他們企圖侵略、統治地球。就這點而言，《V星入侵》有別於災難片，是一部發揮電視影集特有故事性的作品。英文劇名《V》是取「Visitor」的第一個字母，劇中也稱外星人為「the Visitors（外星訪客）」。這部電視影集最早是在1983年製作播出（譯註：在臺灣播出時劇名譯為《勝利大決戰》），後來在2009年至2011年重新翻拍成總共兩季的影集。

這部作品特別吸引人的地方，就是女星莫蓮娜・芭卡琳（Morena Baccarin）飾演的外星人領袖安娜（Anna）那副美得不可思議的容貌。安娜的確很美，不過她的表情帶了點神祕感，散發的氣質也像個心懷鬼胎的外星人。

電視影集的劇情概要如下。

某天，數艘飛到地球的太空船，突然出現在各國主要城市的上空，每一艘都像巨大的母船。太空船停在空中，底面化為螢幕映出安娜的臉孔，播放她給地球人的訊息。安娜以相當友好的口吻說，他們想與地球人和平交流。然而，安娜的地球侵略計畫就從這裡開始祕密展開。

## 想像中的外觀

這裡先請問各位：當你具體想像外星人時，他會是什麼模樣呢？

答案應該可大致分成兩種類型。不消說，兩者當然都是沒有根據的答案，或許應該說單純只是因為這兩種形象廣為人知。

第一種外星人就是所謂的小灰人（Grey alien）。外表看起來個子很小，腦袋很大，眼睛也非常大。這種外星人形象，據說源自於美國一起外星人綁架案的證詞。提供此證詞的是希爾夫婦（Barney and Betry Hill），聽說他們喪失遭到綁架（失蹤？）的那兩個小時的記憶，事後才透過催眠療法回想起來，對於當時發生的事兩人的描述連細節都一致，而他們所見到的外星人外觀正是個子矮小面無表情的小灰人。小說《中斷的旅程》（*The Interrupted Journey*，日文版由角川文庫發行）就是以他們的故事寫成。

另一種廣為人知的外星人形象，則是所謂的爬蟲類進化型。但更早之前不是爬蟲類，這種形象是從章魚型外星人發展過來的。簡單來說，就是以地球上外觀迥異的生物為線索來推測外星人外觀吧。

《V星入侵》描寫的外星人，其實也是這種爬蟲類進化型。不過他們表露出來的模樣，讓人無法一眼就看出他們其實像爬蟲類。在電視影集的設定中，這些有著爬蟲類外觀的外星人披上了人類的皮囊，一開始就掩飾自己的真面目，好讓自己更容易與人類建立友好關係。實在是很高明的侵略手法。

## 外星人眼中的世界

我們再針對外星人的身體特徵稍微聊一下吧。不同於《V星入侵》裡的外星人，小灰人的眼睛據說非常大，各位能夠想像他們實際上擁有什麼樣的眼睛嗎？

關於這個問題，我想介紹一部很有意思的電影，那就是《K星異客（*K-PAX*）》。

故事要從外星人附身在失蹤男子身上這件事講起。這是一部年代有點久遠的作品，由知名演員凱文・史貝西（Kevin Spacey）主演，他在電影裡做出不像地球人的奇特舉動（例如吃香蕉時連皮一起啃），演技十分精湛，是一部有許多精彩看點的作品。

電影裡，由於主角自稱「來自天琴座附近的K-PAX星」，醫生便檢查他的身體。但是，醫生並未發現身體方面的毛病，唯一不對勁的地方就是視力。他的可見光譜與人類大不相同，對紫外線範圍非常敏感。

視力異常的原因電影並未特別著墨。不過，我覺得這個設定意外地合理。接下來的內容有點長，我就依序說明吧。

首先，宇宙中存在著非常多的恆星，光是銀河系據說就有大約兩千億顆恆星。

恆星的壽命有九成屬於活動期。舉例來說，假如壽命有一百歲，從誕生到九十歲這段期間恆星都像個生龍活虎的年輕人般活動。處於此活動期的恆星稱為主序星，而主序星大致可分成七個種類。換句話說，即便是多不勝數的恆星也能夠粗略分成七大類。至於詳細的分類方式，因為跟討論的主題無關，這裡就省略不談了（個人的日文著作《遇見外星人前必讀的一本書》有詳細解說，若與本書一起閱讀應該可以瞭解得更清楚），總之恆星的壽命與光的波長範圍因種類而異。

例如，太陽按分類來說是G型主序星，一般人或許覺得太陽是淡黃色的，其實綠光的波長是最強的。而包括人類在內的哺乳類為了最大程度吸收光線，可見光譜調整成以綠光為中心。

換言之，我們的眼睛構造是隨著陽光演化的。植物的綠色能療癒我們，或許就是跟綠光的吸收率很高有關。順帶一提，植物反而不怎麼利用綠光，所以反射的光使它們看起來綠綠的，不過它們演化成對紅光與藍光有很高的吸收率。因此可以說，我們跟植物是使用不同色陽光的共存關係。

接著，我們將太陽替換成其他種類的恆星吧。跟G型恆星一樣壽命超過五十億年的恆星還有兩種。不過，這些恆星的溫度比太陽低，會散發強烈的X射線等有害光線，或是因閃焰爆發而突然產生放射線。

若考量這幾點，生活在那裡的生物是否也會跟我們人類一樣，演化成以綠光為可見光譜的中心呢？我認為，若從地球生物的眼睛是隨著太陽演化這點來看，在這種環境下完成演化的生命，眼睛的構造也會對應恆星的狀態吧。舉例來說，如果以溫度低的恆星為太陽，就有可能具備紅外線在可見光譜內的視力。像地球上的蛇也是利用紅外線來感測溫度，只不過牠們不是用眼睛，而是用其他器官來感測紅外線。如果太陽是另一顆恆星，就算有具備這種視力的生物也是很正常的才對。假如是這種情況，極端來說，藍光會在可見光譜之外，眼睛無法辨識藍色，而新可見光譜中的黃色相當於人類的「藍色」，因此他們的色彩辨識能力有可能與我們大不相同。即使看著同一座紅綠燈，應該也很難看到一樣的顏色。

換句話說，若從感覺器官隨各恆星的種類演化這點來看，外星生命也十分有可能像《K星異客》的設定那樣，具備看得到紫外線顏色的視力。如果說小灰人的大眼睛特徵，也是不同顆太陽的性質使然，這個假設具有一定程度的說服力。比方說，如果是亮度比G型還弱的太陽，也許就需要具備大眼睛來聚集微弱的光線。電影《超級戰艦（*Battleship*）》裡，就有侵襲地球的外星人因為直視朝陽而瞎掉，說不定，這些外星人的故鄉也是比太陽暗很多的星球。

## 先進的科技與侵略地球計畫的結果

討論有點偏離《V星入侵》了，讓我們把話題拉回到安娜的統治地球計畫上吧。

起初雙方的關係真的很和諧。安娜說他們造訪地球的目的只是想補給水與礦物，以暫時停留的訪客立場向世界各地的政府進行交涉。此外他們也表示要提供先進的技術，不久便提議設置健康中心，還推出參觀母船內部的觀光行程。隱瞞侵略目的接近人類，實在是很高明的手段呢。不消說，既然都能當作有吸引力的交涉材料，他們的科技是真的很先進，醫療技術尤其厲害。從電視影集的描寫來看，幾乎沒有他們治不了的病。

除此之外還有一個東西也清楚展現出，他們輕易就能超越人類發展的高科技水準。那就是藍色能源（blue energy）這項技術。根據劇中的介紹，這是取代核能、乾淨的次世代能源，太空船便是以此作為動力。

我們再詳細看一下這是種什麼樣的技術吧。當劇中人物把兩個球體湊在一起時，宛如電漿的藍光立刻向四周放射。由於劇中的說明不多，沒辦法講解清楚，不過看起來像是將兩個物質湊近來取得能量，我猜是把某種類似反物質的東西變成反應爐。

正常來說，這個世上幾乎沒有東西是以反物質這種反粒子構成。反物質與物質接觸會發生湮滅現象，最後變成高能伽瑪射線而消滅。

我認為劇中呈現出來的影像，最接近這個科學解釋。在湯姆．漢克（Tom Hanks）主演的電影《天使與魔鬼（*Angels & Demons*）》中，就出現過利用這項性質的反物質炸彈。的確，原理上湮滅現象應該可以當成炸彈運用。只不過，如果要大量生成反物質製作炸彈，光是生成就要花長達十億年的時間。雖然沒聽說過有學者認真研究反物質炸彈的原理，不過要花這麼長的時間，是因為從無到有生成反物質就是這麼困難。畢竟是這個世上幾乎不存在的物質，若要增加到可當作武器使用的量，就需要花費龐大的時間與能量。人類要像安娜他們外星人那樣，著手研發應用反物質的次世代能源，從現實角度來看可行性很低。

其實有個比這種方式更有可能實現的次世代能源，那就是有乾淨的核能之稱的「核融合反應爐」。目前世界各地正在運作的核子反應爐，全是利用核分裂的核分裂反應爐。這種核子反應爐是以中子撞擊鈾之類的重元素，使之發生核分裂來獲取能量。但是，核分裂反應爐偶爾會失控，因災害或人為失誤造成放射能汙染的風險很高，相信各位應該也從好幾起震驚世界的核災中瞭解到這一點。反觀核融合反應爐，基本上是以輕元素氫作為燃料，藉由生成氦來產生能量，因此本來就不含放射性物質。這種反應跟太陽發光的機制一樣，故核融合反應爐又稱為「在地球上創造的第二個太陽」。目前世界各國正在進行這項研究，真是迫不及待看到實現的那一天呢。

次世代能源的話題聊得有點遠了，總之正因為不知道人類有沒有辦法製作利用反物質的能源生成裝置，如果有人說要提供這種未來技術，聽起來當然很有吸引力吧。安娜巧妙利用這顆糖果獲得一般民眾的支持，穩健踏實地建立外星人的安身之處。美國政府也在輿論壓力下，發給外星人簽證。

當然，這是安娜他們偽裝的假象，檯面下則持續執行侵略計畫。安娜他們的最大目的是跟地球人進行異種交配，企圖創造結合外星人基因與人類基因的混種來統治地球。

究竟人類是否會被安娜這些外星人征服呢？故事裡看似團結的外星人當中，也有一股勢力在幫助地球人。有興趣的話，請一定要親自看看故事的發展。這是一部描寫外星人用巧妙高明的策略侵略地球的作品，應該能促使你開始思考有關外星人的各種問題。

除了這部電視影集外，描寫人類與外星人交流的作品還有很多。最後我想跟各位介紹一部有點奇特的作品——電影《第九禁區（*District 9*）》。

這部作品裡的外星人近似社會性昆蟲，智商不怎麼高，所以也問不出他們來到地球的目的。於是，人類將非洲某個窮鄉僻壤當作隔離區，讓外星人在此居住，但因為雙方難以溝通而發生衝突。

這裡想說的是，遇見外星人的地方是地球還是第三方的其他行星，兩者的情況可是天差地別。相較於在對雙方而言算是中立的地方碰面，在屬於其中一方的土地上接觸，即使不曉得對方的目的，仍會自動埋下衝突或侵略這類紛爭的火種。地球上因土地而起的對立完全說明了這個道理。

## 生命的可能性

前面介紹了兩部以外星人為題材的科幻作品。既然提到外星人，想必大家應該會好奇，現實中除了我們以外，是否有可能還存在其他的智慧生命體呢？

現階段，地球是太陽系裡唯一有智慧生命跡象的行星，不過火星的地底下、木星的月亮歐羅巴（Europa，木衛二）、土星的月亮泰坦（Titan，土衛六）等，都是極可能有生命的、有潛力的天體。以下就簡單為大家解說原因吧。

首先，一般說到尋找外星生命，大家或許會想到探測行星，不過衛星也能列入候選名單。

歐羅巴與泰坦就是如此，它們的行星——木星與土星只是一團氣體，沒有能夠降落的地面，但因為行星本身很大，在重力作用下繞行它們的衛星，亦即歐羅巴與泰坦也跟行星差不多大，而且本身是由岩石構成，所以有地面。說到衛星的大小，太陽系最大的月亮——木星的衛星蓋尼米德（Ganymede，木衛三）或泰坦，就比水星這顆行星還大。如果是至少跟月球差不多大的岩石行星，這樣的環境就符合條件了，因此比月球大的木星衛星卡利斯多（Callisto，木衛四）與伊俄，以及比月球小一點的歐羅巴，也都是可能有生命的候選地。

另外，在探討其他天體有無生命時，通常都會考慮到該天體是否擁有跟地球誕生生命時一樣的環境。因此這裡的關鍵就是生命之源「海洋的存在」。在這層意義上，目前已有幾個觀測證據證明火星與歐羅巴有水，因此可以說兩者的可能性很高。研究認為，火星的地底含有呈固態的豐富水資源，此外地面上也發現像是河流痕跡的地形。

至於根據觀測，地底下極可能有大量的水或冰的歐羅巴，則是當中最具潛力的候選天體。據說埋藏在地底的大海，深度高達１００公里。地球的海洋最深也不超過10公里，可見其儲藏量有多驚人。而且，不同於地球的月亮那種安靜的環境，歐羅巴受到木星巨大的重力影響，具備會發生火山活動與板塊漂移這類地形變化的變動環境，因此或許更適合孕育生命。另外，目前已知木星衛星蓋尼米德的大氣含有大量的氧。說到氧氣，乍聽會以為是有植物生存的證據，其實蓋尼米德的大氣並非來自植物，而是水熱解後生成的。儘管如此，大氣中含有氧氣的天體，對於像人類這種需要氧氣的生命而言仍是非常有益的資訊。此外也發現，蓋尼米德具有流動的內核，擁有以生命環境而言非常重要的磁場。

至於土星的衛星泰坦，目前已知有類似水的東西形成河川或湖泊。研究認為是甲烷或乙烷這類物質，化為類似地球的雨降在泰坦的地表上。另外，地球不只有水循環，大氣成分之一的碳也會循環，反觀泰坦有富含氮氣的大氣，因此推測這裡的氮可能取代碳進行氮循環。由於地球上也存在以氮維持生命的固氮生物這類微生物，泰坦十分有可能存在這種生命。

另外，這裡一開始就排除的氣態行星是否真的不存在生命，關於這個問題目前連調查都還沒辦法進行。生命以完全不同於地球的過程誕生，也不是不可能的事。說不定就算沒有地面或海洋，濃厚的大氣裡也能誕生出最早的生命，雖然這種情況超出我們現代人的想像，但在宇宙中獲得的發現總是出乎眾人的意料。像我就忍不住幻想這樣的世界：像鳥一樣的生物生活在大氣之中，宛如漂浮在深海裡的魚般游來游去。

不過，這種隸屬太陽系的行星或衛星，假使有生命也頂多是嗜極生物，所謂的智慧生命或許不太可能存在（但在科學上，這也算是很驚人的發現吧）。

既然如此，這個宇宙難道不存在像人類一樣具備知性與文明的外星人嗎？關於這個問題，我也沒辦法很肯定地斷言。從銀河系的星球數量來看，以可能性而言就算有也不奇怪吧。我在第9章也提過，根據統計預估，100光年範圍內可能存在著大約三十個有海洋的行星，說不定那裡就有已演化成智慧生命的生物。

只不過，請各位回想一下第10章的內容。憑人類目前的科學水準，要實現星際移動這種水準高出好幾級的科技是非常困難的。因此，就算真的有外星人，雙方也不會交流，我們只會一直孤獨地存在於宇宙之中吧。我認為比起發展用來交流的科技所花的時間，自身的文明因戰爭等緣故而摧毀的時間反而比較快吧。只要太陽系裡沒有打算對抗人類的智慧生命，今後應該也不會有外星訪客為了侵略而飛來地球。

## 神祕學與大槻老師

本章與第11章談論的主題，跟神祕學的關聯也有點深。因此最後，我想稍微換個話題，談談神祕學與研究者的奇妙關係。

UFO、超能力、靈異現象等，這些神祕事物總稱為神祕學。日本曾在1973年《諾斯特拉達穆斯的偉大預言》（書名暫譯）一書出版後，到90年代後期這段期間，掀起一陣神祕學熱潮。《助你在現代生存的70年代神祕學》（書名暫譯）一書提到，即便日本人被說是無神論者，相信靈魂不滅這類主張的泛靈信仰仍滲透到日本社會，而掀起神祕學熱潮的起因，就在於日本人這種獨特的民族性。

當時也因為興起這股熱潮，日本出現許多以神祕學為主題的綜藝節目。應該也有不少人很懷念，經常在節目中對決的靈媒宜保愛子女士與科學家代表大槻義彥教授兩人的身影吧。

大槻老師是早稻田大學的教授，其實我就讀早稻田大學時，曾經上過老師的課。印象中大槻老師是個氣質獨特很有權威感的人，上他的課會緊張。我是在大槻老師晚年快退休時才成為他的學生，他的課與其他以板書為主的課全然不同。

我修的是有關波的課，但基本上老師不會先教我們課程內容。他的教學方式很特殊，主要是請學生先預習課本的內容，上課的時候再根據當次預習的知識發表見解，等到跟大家說明完畢後就打出席分數。畢竟是電視節目爭相邀請的人物，老師的課實在是生動有趣。他非常討厭別人遲到，偏偏那堂課又是第一節，所以每個星期我都要小心別睡過頭。

與大槻老師的回憶當中特別令我印象深刻的，是進入物理系就讀時他跟我們提到奧姆真理教幹部上祐史浩的事。就某個意義而言，奧姆真理教是搭上神祕學熱潮的新興宗教，至於上祐則是早稻田大學的學士畢業生。記得當時大槻老師總是苦口婆心、再三叮嚀我們，不能變得跟他一樣。本來要成為科學家的優秀年輕人，竟然輕易任由教主麻原彰晃操縱，協助教團進行那種恐怖攻擊，他的例子就是血淋淋的教訓。

另一件令我印象深刻的事是，大槻老師曾說：「湯川秀樹（譯註：物理學家，日本首位諾貝爾獎得主）最後似乎也沉迷於佛教，實在很可惜。」我覺得這很像始終從科學角度否定神祕學的老師會講的話。據說湯川秀樹尊崇佛教的原因之一，是他覺得當時研究的原子模型，跟佛教的世界觀有某種共通之處。由於那是內心的感受，我們無從判斷對錯，不過看看現代的科學家，像大槻老師說的那樣做出嚴格區別從事科學研究的人應該不多吧。尤其是理論物理，發想階段就像是將某種信念或信條化為數學形式，我不曉得是否該完全將科學與信仰區分開來。不過我認為，當時大槻老師想表達的是，所謂科學，應該超越個人信條，保持較為客觀的態度去面對。

在我畢業成為研究者後，某天無意間在報紙上看到有關大槻老師的報導。那篇報導提到了大槻老師立志成為研究者的經過。

全面否定神祕學，跟宜保女士鬥得難分難解的大槻老師，促使他投入研究的起因，竟然是「看到鬼火」。

驚訝的同時，我也覺得這層關係很奧妙。著名的物理學家理察．費曼（Richard Feynman）博士曾這麼談論科學：

> 假設有位魔術師在你的眼前，以巧妙的手法變了個魔術。所謂的科學，就是鑑別他的魔術究竟是真的，又或者他只是個造假的騙子。

我忘了這句話出自何處，所以沒辦法查到原文，不過整句話的意思大概就是這樣。科學這門知識，的確可以說是用來驗證神祕學是否為真的指標呢。

# 結語

本書以科幻作品為題材，根據現代的物理學，盡可能簡單說明電影本身或當中描寫的現象的科學背景。如同字面上的意思，這些作品本來就不科學，因此以學者觀點去批判內容是沒有意義的，因此我盡量從正面的角度去解釋，並以科學觀點針對可行性進行說明。若要稱作科學解說，絕大多數的主題都需要騰出更多的版面來說明，因此希望各位能將本書當作入門導引。

不過，第1部介紹了有關時間旅行的科幻作品，相信應該擴大了各位對時間的概念吧？另外，第2部透過科幻作品，討論真實的太空環境，各位應該實際感受到太空或宇宙是多麼嚴苛又特殊的環境吧？

觀賞科幻作品時，將電影描寫的東西，單純視為一種設定來接受的態度或許也很重要，不過我認為具備了其他觀點後，品味作品的方式又會變得不一樣。

舉例來說，美國國防部於2021年證實，的確有不明飛行物體，也就是所謂的UFO出現在地球上。過去UFO只被當成神祕現象討論，沒想到會傳出這種真實感前所未有強烈的消息。看到標題時我也很吃驚。當然，這則新聞完全沒提到上面載著外星人，或者外星人真的存在，不過光是得知這則新聞，或是本書介紹過的可能存在生命的候選行星，應該就會覺得有外星人登場的科幻作品更具真實感吧。

希望各位也能根據科學知識與這類新聞，展開自己的考察。

本書未提及的話題還有很多。像國際太空站、太空船的設計與材料等工程學領域就著墨不多，此外近年來世界各國與企業也積極展開進軍太空的行動，不過這類基礎建設與事業也超出本書的討論範疇，所以就省略不談了。各位讀者若是感興趣，建議找其他的相關書籍來閱讀，或是多聽多看這類的新聞。如果想進一步瞭解外星人或許能夠生存的環境或宇宙共通的科學知識，我在近期出版的《遇見外星人前必讀的一本書》（書名暫譯，講談社出版）中都有提及，希望各位也能一併閱讀這本書。

最後再強調一次，除了單純將科幻作品當成娛樂作品欣賞外，若能在具備一定程度的科學知識後，重新觀看該部作品，應該能得到屬於你的新解釋或新發現才對。如果能將科學觀點當作從多角度享受作品的一種工具，並帶著這種觀點欣賞科幻作品，相信你一定能品嘗到埋藏其中的深沉滋味。

高水裕一

**高水裕一**（Yuichi Takamizu）

1980年出生於東京。早稻田大學理工學院物理系畢業，已修完早稻田大學研究所博士課程，取得理學博士學位。曾任東京大學理學研究所大霹靂宇宙研究中心特任研究員、京都大學基礎物理學研究中心學振特別研究員（PD），2013年進入英國劍橋大學應用數學與理論物理系的理論宇宙學中心，向研究主任史蒂芬·霍金博士學習。目前是筑波大學運算科學研究中心研究員。專業領域為宇宙學。近幾年也從事運用機器學習的醫學物理學研究。日文著作有《時間能倒流嗎?》、《遇見外星人前必讀的一本書》（以上由講談社Bluebacks出版）、《讓人後悔知道的宇宙真相》（主婦之友社）。



國家圖書館出版品預行編目(CIP)資料

物理學家帶你看懂科幻電影世界觀：回到未來、星際大戰、天能......探索時間與宇宙的奧祕!/高水裕一著；王美娟譯. -- 初版. -- 臺北市：臺灣東販股份有限公司, 2022.07
180面；14.7×21公分
ISBN 978-626-329-273-4(平裝)

1.CST: 科學 2.CST: 電影片 3.CST: 通俗作品

307.9　　111007964

**物理學家帶你看懂科幻電影世界觀**
**回到未來、星際大戰、天能……探索時間與宇宙的奧祕！**

2022年7月1日初版第一刷發行

作　　者　高水裕一
譯　　者　王美娟
編　　輯　曾羽辰
特約美編　鄭佳容
發 行 人　南部裕
發 行 所　台灣東販股份有限公司
　　　　　＜地址＞台北市南京東路4段130號2F-1
　　　　　＜電話＞(02)2577-8878
　　　　　＜傳真＞(02)2577-8896
　　　　　＜網址＞http://www.tohan.com.tw
郵撥帳號　1405049-4
法律顧問　蕭雄淋律師
總 經 銷　聯合發行股份有限公司
　　　　　＜電話＞(02)2917-8022